JN446001

병렬 인버터 시스템에서 순환 전류의 억제 기술

Suppression of Circulating Current in Parallel Inverter Systems

최혜원 · 이교범 공저

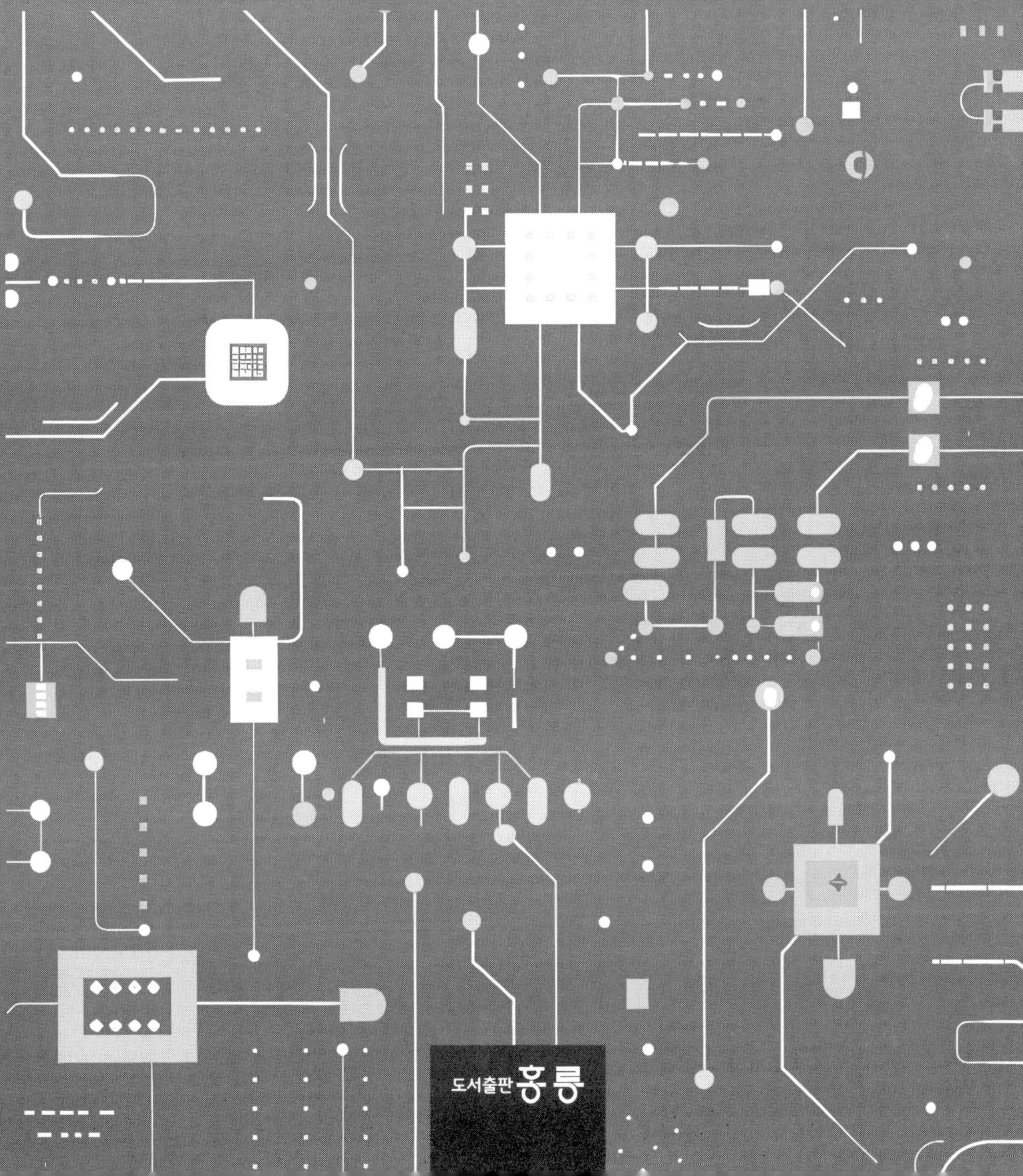

도서출판 홍릉

저자소개

최혜원 chw042710@ajou.ac.kr

아주대학교 전자공학과 공학사
아주대학교 전자공학과 공학석사
아주대학교 전자공학과 공학박사

이교범 kyl@ajou.ac.kr

아주대학교 전자공학과 공학사
아주대학교 제어계측공학과 공학석사
고려대학교 전기공학과 공학박사
Aalborg 대학교(덴마크) 에너지기술학과 연구부교수
전북대학교 전기공학과 조교수
현, 아주대학교 전자공학과/미래모빌리티공학과 교수

병렬 인버터 시스템에서
순환 전류의 억제 기술

인 쇄 : 2025년 7월 10일 초판 1쇄
발 행 : 2025년 7월 18일 초판 1쇄

저 자 : 최혜원 · 이교범
발행인 : 송 준
발행처 : 도서출판 홍릉
주 소 : 01093 서울시 강북구 인수봉로 50길 10
등 록 : 1976년 10월 21일 제5-66호

전 화 : 02-999-2274 5, 003 7037
팩 스 : 02-905-6729
e-mail : hongpub@hongpub.co.kr
http://www.hongpub.co.kr
ISBN : 979-11-5600-978-8(93560)

정 가 : 19,000원

낙장 및 파본은 구입처나 본사에서 교환하여 드립니다.
판권 소유에 위배되는 사항(인쇄, 복제, 제본)은 법에 저촉됩니다.

저자와의 협의하에 인지는 생략됩니다

최근 전력 변환 시스템의 효율과 안정성은 다양한 산업 현장 및 에너지 인프라의 중심 과제로 자리 잡고 있다. 특히 신재생 에너지, 에너지 저장 시스템, 산업 설비 등 대용량 및 고신뢰성의 전력 공급이 필수적인 분야에서 병렬 인버터는 유용한 해결책 중 하나로 주목받고 있다. 병렬 인버터 시스템은 여러 인버터 모듈을 병렬로 연결하여 단일 시스템처럼 운용할 수 있는 구조로, 개별 인버터의 전력 처리 용량 한계를 극복하여 시스템의 확장성을 높인다. 또한 특정 모듈에 문제가 발생할 경우에도 나머지 모듈이 지속적으로 전력을 공급할 수 있어 시스템의 신뢰성을 향상시킨다. 이러한 장점 덕분에 전력 시스템의 연속성과 효율성을 동시에 충족시키려는 현대적인 요구에 적합한 기술로 평가받고 있다.

그러나 병렬 인버터 시스템의 구조적 특성상 각 모듈 간의 미세한 전압 및 부하 분배 불균형이 발생할 수 있다. 이로 인해 인버터 사이에 불필요한 전류 흐름, 즉 순환 전류가 생성될 가능성이 존재한다. 순환 전류가 지속적으로 흐르면 시스템의 전력 손실이 증가하고 효율성이 저하될 수 있으며, 장기적으로 특정 인버터 모듈에 과부하가 걸려 고장 발생 확률이 높아질 수 있다. 따라서 병렬 인버터 시스템을 안정적으로 운영하고 관리하기 위해서는 순환 전류 현상에 대한 이해가 필요하며, 이를 효과적으로 제어하고 관리하는 기술을 개발하는 것이 중요하다.

본 책에서는 병렬 인버터 시스템의 기본적인 구조와 작동 원리부터 설명하고, 인버터 시스템에서 발생할 수 있는 다양한 기술적 문제들을 체계적으로 다룬다. 특히 순환 전류 문제에 대해서 발생 메커니즘을 구체적으로 분석하고, 저주파 및 고주파 순환 전류의 특성과 원인을 상세하게 설명한다. 또한 이를 효과적으로 억제할 수 있는 다양한 제어 전략과 적용 결과를 제시하여 독자들이 실무적으로 유용한 해결책을 얻을 수 있도록 구성하였다.

본 책은 전력전자 분야를 전공하는 대학원생과 연구자, 그리고 실제 현장에서 병렬 인버터 시스템을 설계하고 운영하는 산업체 엔지니어들에게 유익한 참고 자료가 될 것이다. 병렬 인버터 시스템에 대한 기본 개념부터 실질적인 기술적 접근 방법까지 폭넓게 다루고 있어, 관련 분야에 종사하는 독자들이 필요로 하는 지식을 체계적으로 습득할 수 있도록 돕는다. 이 책을 통해 독자들이 병렬 인버터 기술에 대한 이해를 높이고, 이를 기반으로 현장에 효과적으로 활용할 수 있기를 기대한다.

저자 최혜원, 이교범

본 저서는 산업통상자원부의 재원으로 한국에너지기술평가원의 지원을 받아 수행한 연구 과제(No. RS-2025-02314044)를 바탕으로 집필되었습니다.

CHAPTER 01 병렬 인버터 개요

CHAPTER 02 병렬 인버터의 순환 전류

CHAPTER 03 순환 전류의 억제 방안

CHAPTER 06

5레벨 공간 벡터 기반 순환 전류의 억제 방안

CHAPTER 01

병렬 인버터 개요

1.1 병렬 인버터의 기본 개념

병렬 인버터는 단순히 여러 인버터를 병렬로 연결하는 것을 넘어서, 시스템 확장성, 신뢰성, 다양한 적용 가능성을 고려한 전력 변환의 핵심 기술이다. 이는 전력 시스템의 효율성 및 안정성을 높이는 데 중요한 역할을 하며, 고출력 및 고신뢰성이 요구되는 분야에서 필수적인 기술로 자리 잡고 있다.

병렬 인버터 시스템은 [그림 1.1]과 같이 다수의 인버터 모듈을 병렬로 연결하여 단일 시스템처럼 동작하게 하는 전력 변환 구조이다. 이 구조는 각 인버터가 동일한 입력 전압에서 동작하며, 부하가 각 인버터에 고르게 분배되도록 설계된다. 병렬 인버터는 특히 대규모 전력 변환 시스템에서 높은 전력 수요를 처리하거나 시스템의 유연성을 높이는 데 유리하다. 예를 들어, 하나의 인버터로 처리할 수 없는 고출력 전력을 여러 대의 인버터를 병렬로 연결하여 처리함으로써, 전체 시스템의 출력 용량을 확장할 수 있다.

병렬 인버터의 구조적 장점은 전력 변환 시스템에서 중요한 역할을 한다. 단일 인버터의 한계, 즉 특정 용량 이상의 전력을 처리할 수 없는 문제를 해결하기 위해 병렬 인버터는 다수의 인버터를 병렬로 연결함으로써 전체 시스템의 전력 처리 용량을 극대화한다. 이는 전력 변환의 고효율성, 고신뢰성을 요구하는 산업에서 필수적인 기술이다.

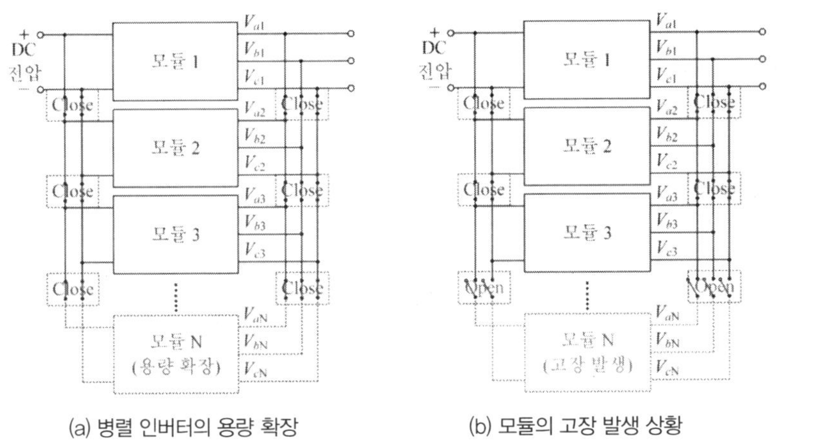

그림 1.1 병렬 인버터의 구조

병렬로 연결된 인버터는 동일한 입력 전압에서 동작하며, 각 인버터는 전체 부하를 분산하여 처리한다. 이 과정에서 각 인버터는 [그림 1.2]와 같이 일정한 비율로 부하 전류를 나누어 담당하게 된다. 병렬 인버터 시스템에서는 이러한 전류 분배가 매우 중요하며, 부하 전류가 균등하게 분배되지 않으면 전류 불균형이 발생할 수 있다. [그림 1.2(a)]와 같이 모듈 1에 의한 전류가 모듈 2에 의한 전류보다 클 경우에 전류 불균형에 의한 순환 전류가 발생할 수 있으며, 이는 시스템의 효율성을 저하시키고, 특정 인버터에 과부하가 걸리게 되어 고장의 원인이 될 수 있다.

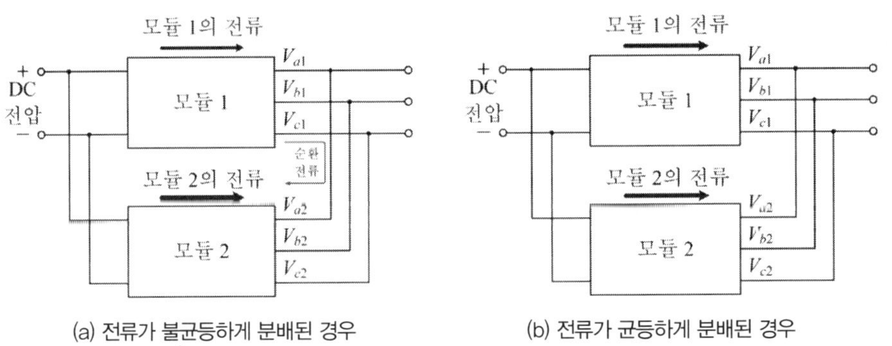

그림 1.2 병렬 인버터에서 전류 불균형에 따른 순환 전류

병렬 인버터에서 이러한 전류 불균형 문제를 해결하기 위해 다양한 기술적 접근법이 사용

된다. 각 인버터의 출력을 조절하여 [그림 1.2(b)]와 같이 전류를 균등하게 분배하는 방식으로 전류 불균형으로 인한 문제를 최소화하고, 전체 시스템의 효율성을 높일 수 있다.

병렬 인버터 시스템은 [그림 1.1(a)]와 같이 요구 전력에 따라 쉽게 확장할 수 있는 모듈식 설계가 가능하다. 이는 초기 시스템을 구축할 때에는 소규모로 시작하여, 필요에 따라 인버터 모듈을 추가함으로써 용량을 확장할 수 있음을 의미한다. 예를 들어, 태양광 발전 시스템에서 초기 설치 과정에서는 몇 개의 인버터로 시작한 후에 발전소의 용량이 증가함에 따라 인버터를 추가하여 시스템을 확장할 수 있다. 이러한 모듈식 확장은 대규모 전력 시스템에서 필수적인 요소로, 시스템 업그레이드와 유지보수에도 유리하다.

병렬 연결은 시스템 신뢰성을 크게 향상시킨다. [그림 1.1 (b)]와 같이 하나의 인버터가 고장 나더라도, 나머지 인버터가 계속해서 동작함으로써 시스템 전체의 다운타임을 최소화할 수 있다. 이는 특히 전력 공급의 안정성이 중요한 산업 설비나 데이터 센터와 같은 응용 분야에서 중요한 장점이다. 이러한 신뢰성은 전력 공급의 연속성을 유지하는 데 필수적이며, 시스템에 고장이 발생할 경우에 다른 인버터가 자동으로 전력을 분담하여 공급 안정성을 유지할 수 있다.

병렬 인버터는 전력 산업, 신재생 에너지 분야, 대규모 산업 설비 등 다양한 응용 분야에서 필수적인 기술로 자리 잡고 있다. 예를 들어, 대규모 태양광 발전소에서는 병렬 인버터를 사용하여 전체 발전 용량을 관리하며, 고출력 전력 변환이 필요한 산업에서도 이러한 시스템이 널리 사용된다. 병렬 인버터는 확장의 편리함에 의해 대규모 프로젝트뿐만 아니라, 중소규모의 전력 변환 시스템에서도 활용될 수 있다.

1.2 병렬 인버터의 응용 분야

병렬 인버터는 전력 시스템에서 중요한 역할을 수행하며, 특히 마이크로 그리드 시스템에서는 핵심적인 요소로 자리잡고 있다. 마이크로 그리드는 독립적이고 분산된 전력망으로, 전력 수요와 공급을 자체적으로 조정할 수 있는 시스템이다. 병렬 인버터는 다양한 에너지원에서 생성된 전력을 변환하며, 전력 공급의 안정성을 보장한다. 특히 전력 수요의 변동이나 전력망 연결의 불안정성을 해결하는데 중요한 역할을 한다. 마이크로 그리드 시스템에는 [그림 1.3]과 같이 에너지 저장 시스템, 태양광 발전 시스템, 풍력 발전 시스템 등이 있다. 뿐만 아니라, 다양한 응용 분야에서 전력 변환 시스템의 활용이 증가함에 따라 대전력과 효율 향상에 대한 수요가 증가하고 있다. 이러한 수요에 맞춰 [그림 1.4]와 같이 무정전 전원 공급 시스템, 대전력 철도 시스템, 해상 플랫폼 기반의 전력 공급 시스템 등에서 병렬 인버터가 적용되고 있다.

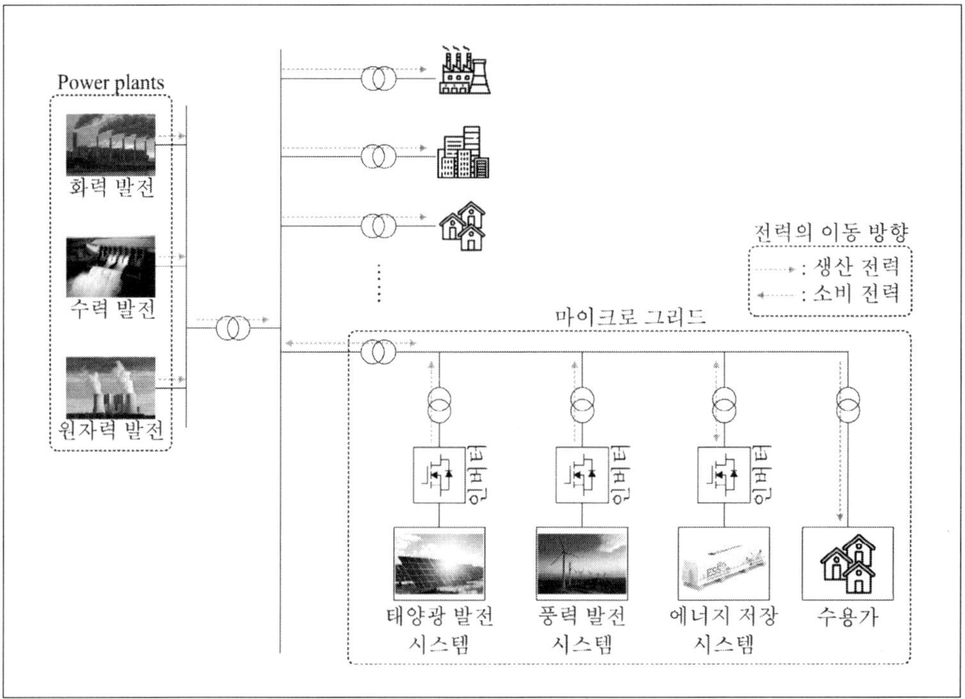

그림 1.3 마이크로 그리드 시스템

1.2.1 에너지 저장 시스템(Energy storage system, ESS)

에너지 저장 시스템은 전력을 저장하고 필요한 시점에 공급하는 시스템으로, 주로 전력망의 안정성을 유지하기 위해 신재생 에너지원과 결합해 사용된다. 병렬 인버터는 배터리에 저장된 DC 전력을 AC 전력으로 변환해 전력망이나 부하에 공급하며, 다수의 인버터가 병렬로 연결되어 있어 시스템 용량을 확장할 수 있고 전력 변환의 효율성을 높일 수 있다. 고장이 발생한 경우에도 병렬로 연결된 다른 인버터가 동작을 유지해 시스템의 안정성을 보장한다.

1.2.2 태양광 발전 시스템

태양광 발전 시스템에서의 병렬 인버터는 태양광 패널에서 생성된 DC 전력을 AC 전력으로 변환해 전력망에 공급하는 역할을 수행한다. 특히 대규모 태양광 발전소에서 여러 인버터가 병렬로 연결되어 대용량 전력 변환이 가능하며, 신뢰성과 확장성을 높일 수 있다.

태양광 발전 시스템은 내부 구조에 따라 2가지의 형태로 나눌 수 있다. 먼저 가장 오랫동안 사용된 센트럴 인버터(중앙 집중형)는 여러 대의 태양광 패널이 직렬 및 병렬로 연결되어 있어 하나의 DC 전압을 생성한다. 생성된 DC 전압은 병렬 인버터에 입력되고, 이 경우에는 입력되는 전압이 하나이므로 하나의 최대 전력만을 추종(MPPT)해 태양광 인버터의 구조가 상대적으로 간단하다는 장점이 있으며, MW급 형태로 사용되고 있다. 반면에, 스트링 인버터(분산형)는 센트럴 인버터의 크기가 작아진 형태로 생각할 수 있다. 예를 들면 1MW 급의 센트럴 인버터 1대를 사용하는 곳에 100kW 인버터 10대를 사용하는 것을 의미하며, 이 경우에는 각 인버터에 개별로 DC 전압이 인가되며, 사용된 스트링 인버터 수만큼 MPPT의 수가 늘어나는 효과를 가지게 된다. 일반적으로 동일 용량에서 MPPT의 수가 늘어날 때마다 발전 효율이 증가한다.

1.2.3 풍력 발전 시스템

풍력 발전 시스템에서의 병렬 인버터는 터빈에서 생성된 전력을 안정적으로 변환해 전력망에 공급하는 역할을 한다. 풍력은 변동성이 큰 에너지원이므로, 병렬 인버터는 여러 인버터를 연결해 대규모 풍력 발전 시스템의 안정성을 높이고, 터빈이 추가되는 경우에도 유연하게 대응할 수 있는 구조를 제공한다.

그림 1.4 병렬 인버터의 응용 분야

1.2.4 무정전 전원 공급 시스템(Uninterruptible power supply, UPS)

무정전 전원 공급 시스템은 전력 공급이 중단되는 경우에도 중요한 장비에 지속적으로 전원을 공급하는 시스템이다. 계통 연계형 시스템 또는 데이터 센터와 같이 전원이 24시간 동안 연결되어 있는 시스템에서 전원이 차단되는 사고가 발생할 경우에 UPS에 저장된 전력을 AC로 변환하여 시스템에 공급한다. UPS는 내부에 다수의 인버터가 병렬로 연결되어 있어 다양한 전력 수요를 유연하게 충족시키며, 단일 인버터에 고장이 발생할 경우에도 나머지 인버터가 정상적으로 동작하여 시스템의 안정성을 유지한다.

1.2.5 고전력 철도 전력 변환 시스템

철도 전력 변환 시스템은 대규모 전력을 안정적으로 변환하고 분배하는 시스템이다. 병렬 인버터는 이러한 시스템에서 고속철도나 지하철 등의 대용량 전력 요구를 충족시키며, 부하 변동에 대응해 유연한 전력 변환을 가능하게 한다. 또한 고장이 발생할 경우에 신속하게 복구되어 시스템의 연속성을 유지할 수 있다.

1.2.6 해상 플랫폼 전력 공급 시스템

석유 및 가스 시추 작업이나 신재생 에너지와 같이 원거리 해양 환경에서의 해상 플랫폼은 안정적인 전력 공급을 위해 필수적인 시설이다. 병렬 인버터는 해상 플랫폼의 다양한 에너지원에서 생성된 전력을 변환해 공급하며, 전력망과의 연결이 제한된 상황에서도 신뢰성있는 전력 공급을 보장한다. 여러 인버터가 병렬로 연결되어 고장이 발생한 경우에 안정적인 전원 공급을 유지할 수 있다.

1.3 병렬 인버터의 주요 응용 사례

1.2장에서 설명한 바와 같이 병렬 인버터 시스템을 적용하는 응용 분야가 다양하며, 적용되는 분야에 따라 병렬 인버터의 구조가 상이하다. 이 책에서는 병렬 인버터가 공통의 DC를 갖고, AC 출력이 병렬로 연결된 경우에 발생하는 순환 전류와 이를 억제하는 기법에 대해 다룬다. 이러한 병렬 인버터를 응용한 분야 중에서 순환 전류가 발생할 수 있는 형태를 적용한 실제 사례로는 에너지 저장 시스템과 태양광 발전 시스템을 예로 들 수 있다.

1.3.1 에너지 저장 시스템

1.2장에서 언급한 바와 같이 에너지 저장 시스템은 전력망에 연결되며, 병렬 인버터를 통해 배터리에 전력을 저장한다. 이 후에 전력이 부족한 상황이 발생하면 병렬 인버터를 통해 저장된 에너지가 AC 형태로 변환되어 전력망에 공급된다. 병렬 인버터를 통해 ESS에 저장되고 소비되는 전력을 유연하게 조절할 수 있으며, 이를 통해 전력망의 안정성을 유지할 수 있다.

LS ELECTRIC에서는 [그림 1.5]와 같은 중대용량의 에너지 저장 시스템(ESS)을 위한 전력 변환 장치(Power conditioning system, PCS)인 LS Modular Scalable PCS를 개발하여 국내외 시장에 출시하였다. ESS용 PCS의 핵심 부품인 PEBB (Power electric building block)를 모듈화하여 독립 운전이 가능하며, 이를 병렬 연결하여 200kW에서 2MW까지 최대 10배 확장이 가능하다. LS ELECTRIC는 개별 PEBB 모듈에 독립 운전기능을 탑재하고, 자체 개발한 ESS 스마트 운영 시스템을 통해 사용 중 일부 PEBB에 고장이 발생하더라도 부분 운전을 통해 전체 시스템 다운타임을 최소화하는 방식을 적용하여 안정성을 확보했다. 또한, 제품의 사이즈도 기존 대비 30%로 축소되어 공간 효율성을 높이고, 경제성 측면에서도 부하의 용량에 따라 사용되는 PEBB 수를 조절하여 에너지 효율을 향상시켰다.

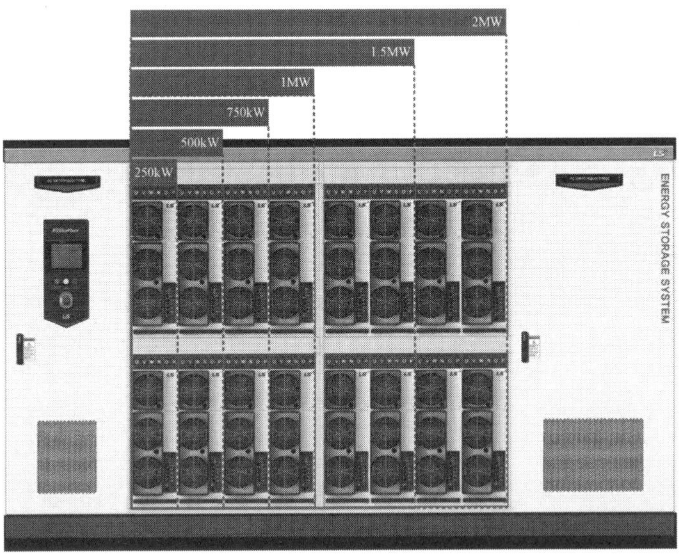

그림 1.5 LS ELECTRIC 社의 ESS용 PCS (LS Modular Scalable PCS)

또한, LS ELECTRIC의 북미 법인 자회사인 LS 에너지 솔루션에서는 10kW의 AiON ESS를 미국 버몬트주에 위치한 태양광 프로젝트에 설치하였다[그림 1.6]. 뿐만 아니라, 미국 캘리포니아에 200MW 규모의 ESS를 구축할 예정이며, 하나당 1.5MW의 정격 출력을 가진 AiON ESS를 137개 공급할 예정이다.

그림 1.6 LS 에너지 솔루션 社의 AiON-ESS

효성에서는 다양한 ESS용 PCS 라인업을 구성하여 사용자의 요구에 따라 최적화된 ESS를 제공한다. 효성 ESS의 주요 기능은 전기요금이 낮은 시간에 충전하고, 높은 시간에 방전하여 이익을 확보하고 최대 전력수요 시간을 분산시켜 피크를 저감하는 역할을 수행한다. 이를 통해 수용가에서는 전력 사용 요금을 절감할 수 있고, 계통 운영자는 피크 타임의 전력 부족 문제를 해소할 수 있다. 효성 ESS의 주요 설치 사례로는 [그림 1.7]에 나타난 바와 같이 경상남도 밀양의 한국전력공사 부북변전소에 설치된 국내 최대 용량인 336MW 규모의 ESS가 있다. 이는 4인 가족 기준 약 100만 가구가 한달간 사용할 수 있는 전력량 규모이다. 뿐만 아니라 국내 약 200여개소에 효성의 ESS가 설치되어 있으며, 국내 시장 점유율 중 약 22%를 차지하고 있다.

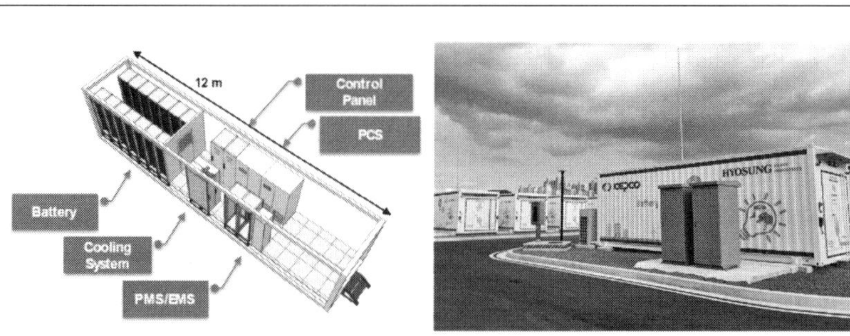

그림 1.7 효성의 ESS 구조 및 경남 밀양의 한전 부북변전소에 설치된 ESS

1.3.2 대규모 태양광 발전 시스템(중앙 집중식 인버터)

1.2장에서 언급한 바와 같이 대규모 태양광 발전소에서는 병렬 인버터를 통해 수천 kW 이상의 전력을 안정적으로 공급할 수 있으며, 전력망과 연결될 때 고조파 왜곡을 줄여 전력 품질을 유지하는 데 기여한다. 또한, 병렬 연결로 인해 시스템의 확장성이 높아져, 태양광 발전소의 용량 증대가 필요할 때 유연하게 대응할 수 있다.

OCI 파워에서는 2020년에 국내 최초로 [그림 1.8]과 같은 1500V의 태양광 인버터를 개발해 공급하였다. OCI 파워에서 공급하는 태양광 인버터는 1.5MW에서 최대 3MW까지 공급된다.

그림 1.8 OCI 파워 社의 태양광 인버터

인버터의 세계적 선두주자인 ABB 社에서 출시한 태양광 인버터 플랫폼은 [그림 1.9]와 같다. PVS800-57은 중앙 집중식 인버터로 사용자의 요구에 따라 100kW부터 1,000kW까지 용량의 가변이 용이하다. [그림 1.10]에 나타난 태양광 인버터 시스템과 같이 연결되는 태양광 모듈의 수에 따라 입력되는 DC 전압이 결정되며, 이에 따라 병렬 연결되는 인버터의 수가 달라진다.

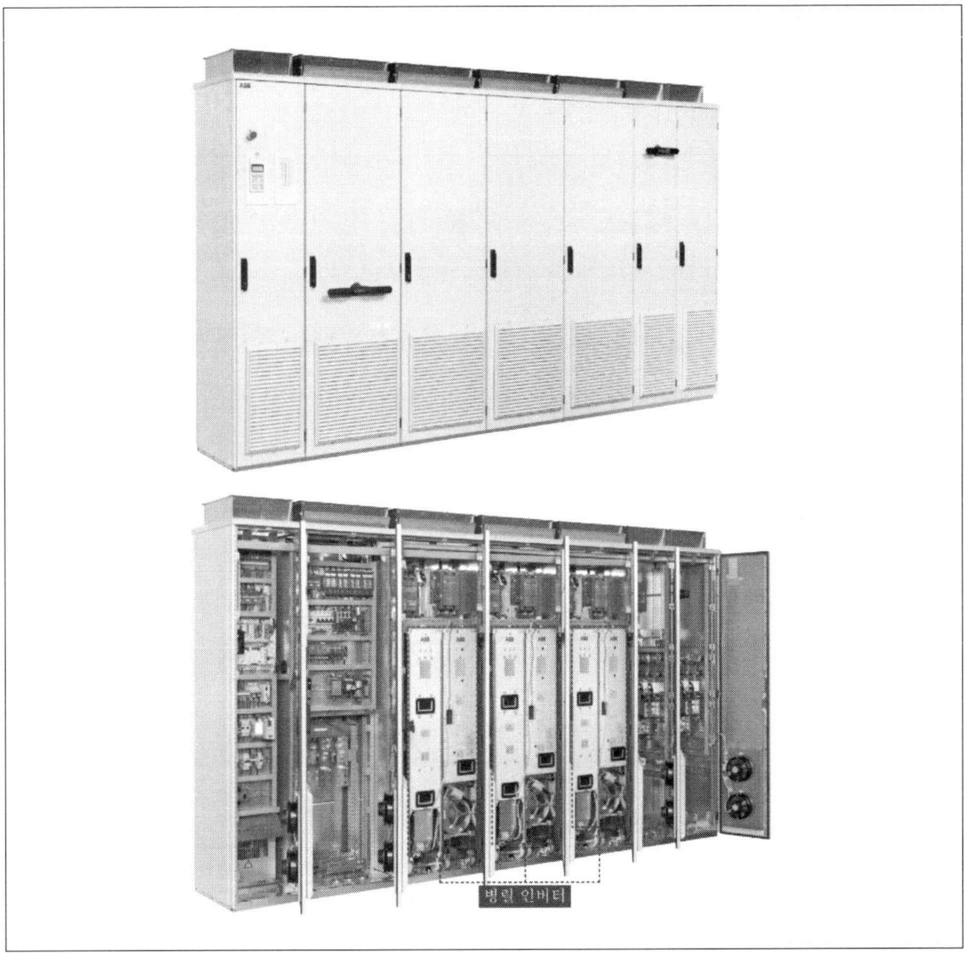

그림 1.9 ABB 社의 태양광 인버터 플랫폼(PVS800-57)

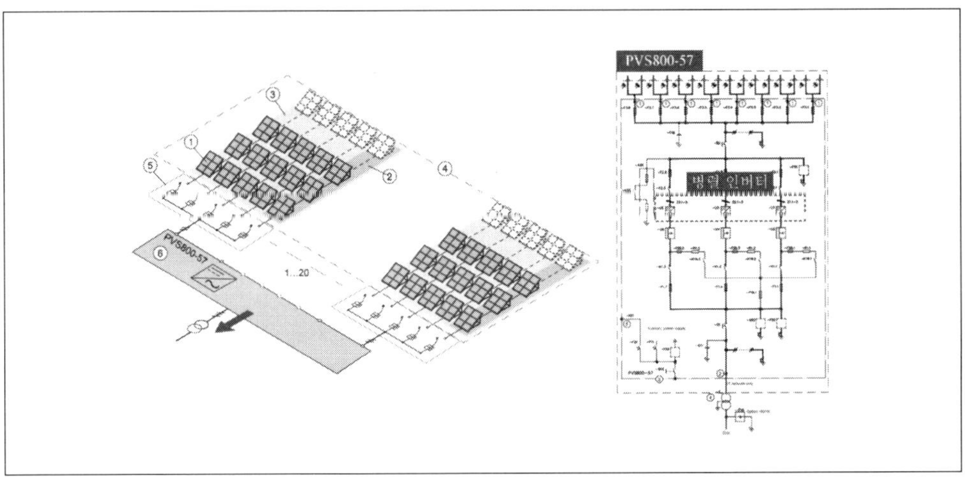

그림 1.10 PVS800-57를 적용한 태양광 발전 시스템의 개요 및 내부 구조

1.4 참고문헌

[1] C. B. Jacobina, E. C. S. Jr., N. Rocha, and E. L. L. Fabricio, "Single-Phase to Three-Phase Drive System Using Two Parallel Single-Phase Rectifiers," *IEEE Trans. Power Electron.*, vol. 25, no. 5, pp. 1285-1295, May 2010.

[2] S. Choi, Y. Jang, S. Jeon, and K.-B. Lee, "A Reliable Suppression Method of High Frequency Circulating Current in Parallel Grid Connected Inverters," in *Proc. ECCE. Conf.*, Sep./Oct., 2019., pp. 1026-1031.

[3] J. L. Agorreta, M. Borrega, J. Lopez, and L. Marroyo, "Modeling and Contorl of N-Paralleled Grid-Connected Inverter with LCL Filter Coupled Due to Grid Impedance in PV Plants," *IEEE Trans. Power Electron.*, vol. 26, no. 3, pp. 770-785, Mar. 2011.

[4] R. Li and D. Xu, "Parallel Operation of Full Power Converters in Permanent-Magnet Direct-Drive Wind Power Generation System," *IEEE Trans. Ind. Electron.*, vol. 60, no. 4, pp. 1619-1629, Apr. 2013.

[5] M. Ding, Z. Tao, B. Hu, S. Tan, and R. Yokoyama, "Parallel Operation Strategy of Inverters Based on an Improved Adaptive Droop Control and Equivalent Input Disturbance Approach," *Electronics*, vol. 13, no. 3, pp. 1-14, Jan. 2024.

[6] LS ELECTRIC: Energy Storage System, LS ELECTRIC, Sep. 2022.

[7] LS energy solution: https://www.ls-es.com/solutions/#aioness

[8] Hyundai energy solution: https://www.hd-hyundaies.co.kr/

[9] Hyosung: https://www.hyosungheavyindustries.com/kr/business/pow er-system-solutions/P010203#summary

[10] Hyosung: https://www.hyosungheavyindustries.com/kr

[11] Hardware manual PVS800-575 central inverter, ABB, Jul. 2014.

[12] OCI power: https://www.ocipower.co.kr/invertor_overview

CHAPTER 02

병렬 인버터의 순환 전류

순환 전류는 [그림 2.1]에 나타난 것과 같이 병렬로 연결된 인버터 사이의 미세한 전압 차이로 인해 발생하는 전류를 의미한다. 이는 인버터 간에 불필요한 전류 흐름을 유발하며, 이러한 전류는 시스템의 에너지 손실로 이어질 수 있다. 병렬 인버터 시스템에서 각 인버터는 동일한 전압에서 동작해야 하지만, 현실적으로는 완벽한 일치를 이루지 못한다. 인버터 간의 전압 차이는 여러 가지 이유로 발생할 수 있다. 예를 들어, 각 인버터의 제조 공정에서 발생하는 미세한 차이, 부품의 특성 차이, 또는 주변 환경 요인이 전압 불일치의 주요 원인이 될 수 있다. 이로 인해 순환 전류가 발생하게 되며, 이 전류는 인버터 간의 전류 불균형을 초래한다.

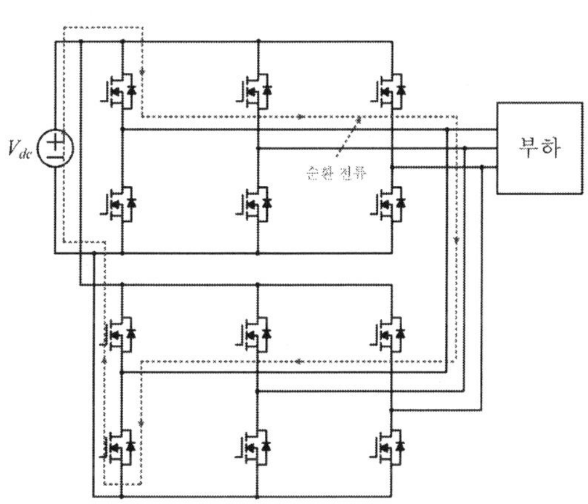

그림 2.1 병렬 인버터에서의 순환 전류

순환 전류는 단순히 전압 불균형에서만 발생하는 것이 아니며, 병렬 인버터의 설계 구조상 부하가 균등하게 분배되지 않을 때도 전류 불균형이 발생할 수 있고, 이로 인해 순환 전류가 더 심화될 수 있다. 부하 분배의 불균형은 시스템의 안정성을 저해하는 주요 원인 중 하나로, 순환 전류를 발생시켜 전력 시스템 내에서 불필요한 에너지 소모를 발생시키고 전력 효율을 감소시킨다.

2.1 병렬 인버터의 구조와 동작 원리

고전압 응용 분야에서 많이 사용되는 3레벨 인버터는 전력 변환 기술에서 중요한 역할을 한다. 이 장에서는 3레벨 인버터의 구조 및 동작 원리와 장점 및 단점을 설명한다. 3레벨 인버터의 동작 원리는 기존의 2레벨 인버터와 비교하여 더 복잡하지만, 그만큼 출력 파형의 품질과 시스템 효율성을 크게 향상시킬 수 있다.

2.1.1 3레벨 인버터의 구조

3레벨 인버터는 기본적으로 2레벨 인버터에 비해 하나의 추가 전압 레벨을 포함하는 구조를 가지고 있다. 이 구조는 일반적으로 중성점에 다이오드가 클램프(Neutral Point Clamped, NPC)된 방식으로 구현되며, 2레벨 인버터의 한계점을 효과적으로 해결할 수 있는 방법이다.

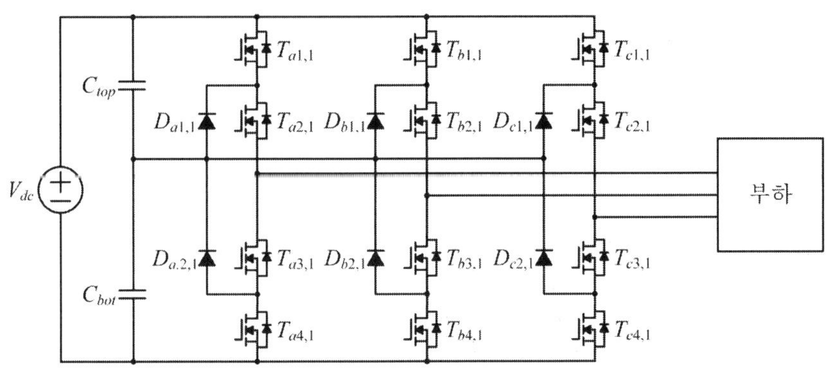

그림 2.2 3레벨 NPC 인버터

3레벨 인버터는 [그림 2.2]와 같이 한 레그에 4개의 스위칭 소자 $T_{xk,j}$ $(x = a, b, c,$

$k = 1,2,3,4,\ j = 1,2$)와 2개의 클램핑 다이오드 $D_{xk,j}$를 사용하여, 3레벨의 출력 전압을 가지도록 설계한다. 이로 인해 출력 전압은 $+V_{dc}/2$, $-V_{dc}/2$ 뿐만 아니라 0V의 레벨을 갖는다. [그림 2.2]의 직류단에서 C_{top}, C_{bot}는 상단 및 하단의 커패시터이다. 3레벨 인버터는 3개의 전압 레벨을 통해 2레벨 인버터보다 정교한 출력 파형을 생성할 수 있다.

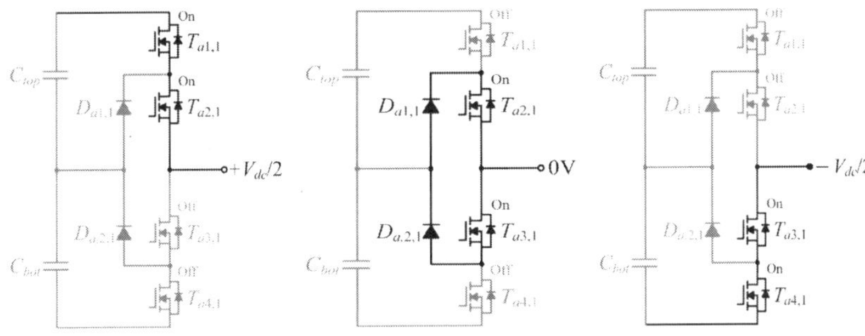

그림 2.3 스위칭 상태에 따른 3레벨 인버터의 극전압

3레벨 인버터의 동작 원리는 각 스위칭 소자의 제어를 통해 세 가지 출력 전압 수준을 생성하는 것이다. 이 과정은 다음과 같이 이루어진다.

양의 전압 레벨($+V_{dc}/2$): 상부 스위칭 소자인 $T_{a1,j}$ 및 $T_{a2,j}$가 켜지고 하부 스위칭 소자인 $T_{a3,j}$ 및 $T_{a4,j}$가 꺼질 때, 출력 전압은 $+V_{dc}/2$가 되며, 이 경우의 스위칭 상태는 P로 정의한다. 이 상태에서는 클램핑 다이오드로 전류가 도통하지 않는다.

영 전압 레벨(0V): 중간 스위칭 소자인 $T_{a2,j}$ 및 $T_{a3,j}$가 모두 켜지면서 클램핑 다이오드로 전류가 도통하여 출력 전압은 0V가 되며, 이 경우의 스위칭 상태는 O로 정의한다. 이 상태는 인버터가 에너지를 저장하거나 출력 전압의 위상을 조정하는 데 사용된다.

음의 전압 레벨($-V_{dc}/2$): 하부 스위칭 소자인 $T_{a3,j}$ 및 $T_{a4,j}$가 켜지고 상부 스위칭 소자인 $T_{a1,j}$ 및 $T_{a2,j}$가 꺼질 때, 출력 전압은 $-V_{dc}/2$가 되며, 이 경우의 스위칭 상태는 N으로 정의한다. 이 상태에서도 클램핑 다이오드로 전류가 도통하지 않는다.

이 세 가지 전압 레벨을 조합하여 2레벨 인버터보다 정교한 출력 파형을 생성할 수 있으며, 이를 통해 고조파 성분이 감소하여 전력 품질이 향상된다.

3상 인버터에서 전압 레벨을 표현하면 [그림 2.4]의 공간 전압 벡터도로 나타낼 수 있다. 양의 전압 레벨을 생성하는 경우는 스위칭 상태 P, 음의 전압 레벨을 생성하는 경우는 스위칭 상태 N, 영 전압 레벨을 생성하는 경우는 스위칭 상태 O로 정의된다. 따라서 3상 인버터의 스위칭 조합은 총 27가지이며, 스위칭 상태에 따라 동일한 전압을 갖는 경우가 발생하여 18개의 전압 벡터로 표현된다. 전압 벡터가 OOO, PPP, NNN인 경우에는 Zero 벡터(V_0)이며, 스위칭 상태에 따라 Small 벡터($V_1 \sim V_6$), Medium 벡터($V_7 \sim V_{12}$), Large 벡터($V_{13} \sim V_{18}$)로 정의된다. [표 2.1]은 전압 벡터에 따른 스위칭 상태와 출력 전압을 나타낸다.

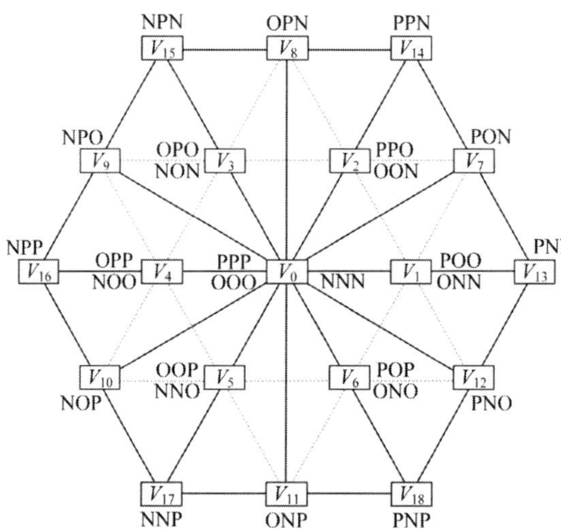

그림 2.4 3레벨 인버터의 스위칭 상태에 따른 공간 전압 벡터도

[표 2.1] 전압 벡터에 따른 스위칭 상태 및 출력 전압

벡터 종류	공간 벡터	스위칭 상태	전압 크기
Zero 벡터	V_0	PPP	0
		OOO	
		NNN	
Small 벡터	V_1	POO	$V_{dc}/3$
		ONO	
	V_2	PPO	
		OON	
	V_3	OPO	
		NON	
	V_4	OPP	
		NOO	
	V_5	OOP	
		NNO	
	V_6	POP	
		ONO	
Medium 벡터	V_7	PON	$V_{dc}/\sqrt{3}$
	V_8	OPN	
	V_9	NPO	
	V_{10}	NOP	
	V_{11}	ONP	
	V_{12}	PNO	
Large 벡터	V_{13}	PNN	$2V_{dc}/3$
	V_{14}	PPN	
	V_{15}	NPN	
	V_{16}	NPP	
	V_{17}	NNP	
	V_{18}	PNP	

고조파 저감: 3레벨 인버터는 출력 전압이 세 단계로 나뉘어지므로, 출력 파형이 2레벨 인버터와 비교하여 정교해진다. 이로 인해 전력 시스템에서의 고조파 왜곡이 현저히 줄어들며, 이는 전력 품질 향상에 기여한다.

전압 스트레스 감소: 각 스위칭 소자에 걸리는 전압 스트레스가 기존의 2레벨 인버터보다 낮다. 이는 소자의 신뢰성을 높이고, 수명을 연장시킬 수 있다.

초기 설치 비용 상승: 3레벨 인버터는 2레벨 인버터보다 더 많은 부품이 필요하기 때문에 초기 설치 비용이 높다. 이는 특히 대규모 시스템에서 중요한 고려 사항이 될 수 있다.

유지보수의 어려움: 3레벨 인버터는 2레벨 인버터에 비해 2배 더 많은 스위칭 소자를 포함하고 있으며, 다이오드 등 요구되는 부품의 수가 증가한다. 이에 따라 인버터의 고장 발생 확률이 증가되며, 유지보수에도 어려움이 발생한다.

3레벨 인버터는 고조파 저감, 전압 스트레스 감소 등의 여러 가지 장점을 통해 전력 변환 시스템에서 중요한 역할을 한다. 그러나 이러한 장점과 함께, 구조적 복잡성 증가, 초기 비용 상승 등의 단점도 존재한다. 이러한 요소들을 종합적으로 고려하여, 3레벨 인버터의 적용 여부를 결정하는 것이 중요하다. 3레벨 인버터는 특히 고전압 응용 분야에서 그 장점을 극대화할 수 있으며, 이와 같은 기술적 분석을 통해 그 활용 가능성을 최적화할 수 있다.

2.1.2 병렬 인버터의 구조

3레벨 인버터 2개가 병렬 연결된 시스템의 회로는 [그림 2.5]와 같으며, 각 인버터는 3레벨 NPC 인버터 모듈로 구성된다. 병렬 인버터가 공통의 DC 소스와 AC 버스를 공유할 때 [그림 2.5]에 점선으로 표시된 중성점 O의 연결 유무에 따라 각 인버터의 중성점을 연결하는 경우와 중성점을 연결하지 않는 경우로 분류된다. 본 책에서는 분석의 편의를 위하여 [그림 2.5]와 같이 각 인버터의 중성점이 연결된 병렬 인버터를 분석한다. 여기서 직류단 커패시터도 병렬 연결되므로 $C_{1,1}$과 $C_{1,2}$의 합은 C_{top}이고, $C_{2,1}$과 $C_{2,2}$의 합은 C_{bot}이 된다. 이러한 병렬 인버터에서는 각 인버터 모듈의 DC 입력과 AC 소스가 공통으로 묶여 있어 폐회로가 형성되며, 이로 인해 회로 내에 순환 전류가 발생한다.

병렬로 연결된 인버터들은 동일한 부하를 분담하도록 설계되지만, 실제 운용 환경에서는 각 인버터 간에 전류 불균형이 발생할 수 있다. 전류 불균형은 각 인버터의 부하가 균등하게 분배되지 않을 때 발생하며, 이는 시스템 전체의 효율성을 저하시킨다. 전류 불균형의 원인으로는 인버터 간의 제조 공정 차이, 스위칭 소자의 특성 차이, 그리고 환경적인 요인이 있다.

이러한 전류 불균형은 순환 전류의 발생으로 이어지며, 순환 전류는 시스템 내부에서 불필요한 에너지 소모를 일으켜 전력 손실을 증가시킨다. 또한, 특정 인버터에 과부하가 걸리게 되어 인버터의 수명을 단축시킬 수 있다.

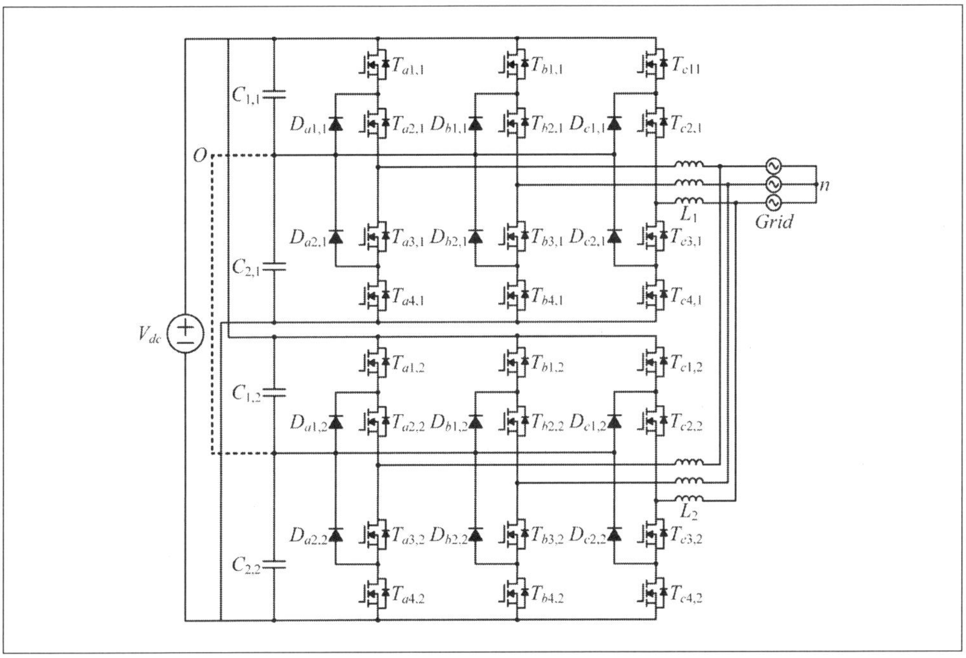

그림 2.5 2병렬 3레벨 인버터의 회로도

병렬 연결된 3레벨 인버터의 또 다른 주요 문제는 제어 복잡성의 증가이다. 3레벨 인버터는 자체적으로도 복잡한 제어 알고리즘을 필요로 하지만, 병렬 연결 시 각 인버터 간의 동기화와 전류 분배를 적절히 제어해야 한다. 이러한 제어는 고도로 정밀한 알고리즘을 요구하며, 제어 시스템의 복잡성을 더욱 증가시킨다.

예를 들어, 각 인버터의 동기화를 유지하면서도 부하 변동에 빠르게 대응하기 위해 고급 제어 기술이 필요하다. 이러한 제어 복잡성은 시스템의 안정성을 위협할 수 있으며, 제어 시스템의 설계와 구현에 있어 많은 시간과 비용이 요구된다.

병렬로 연결된 인버터 시스템은 전자기 간섭(Electromagnetic interference, EMI) 문제에 취약할 수 있다. 여러 인버터가 동시에 작동하면서 발생하는 고주파 스위칭 신호가 주변 전자 기기에 간섭을 일으킬 수 있다. EMI 문제는 특히 민감한 전자 기기나 통신 장비에서 심각한 오작동을 초래할 수 있다.

또한, 병렬 연결된 3레벨 인버터 시스템은 여러 인버터가 서로 협력하여 동작하기 때문에, 하나의 인버터에 문제가 발생할 경우 전체 시스템의 신뢰성이 저하될 수 있다. 이러한 신뢰성 문제는 시스템의 유지보수 비용을 증가시키고, 예기치 않은 다운타임을 발생시킬 위험이 있다.

2.2 병렬 인버터의 동작 모드

병렬 인버터의 동작은 [그림 2.6]과 같이 동기 모드와 비동기 모드로 구분할 수 있다. 동기 모드는 각 인버터의 지령 전압과 비교되는 삼각반송파의 위상이 같아 동일한 스위칭 시퀀스로 동작하는 방식이다. 이때 발생하는 고조파 및 전류 리플은 동일한 용량을 가진 단일 인버터와 동일하다. 예를 들어, 병렬 인버터의 극 전압이 $+V_{dc}/2$인 경우에는 각 모듈의 스위칭 상태가 P가 되며, 극 전압이 0V일 때는 각 모듈의 스위칭 상태가 O, 극 전압이 $-V_{dc}/2$인 경우에는 각 모듈의 스위칭 상태가 N이 된다. 이러한 동기 모드는 병렬 인버터가 동일한 부하 조건에서 동작할 때 발생하는 전압과 전류의 파형을 안정적으로 유지할 수 있게 한다.

동기 모드는 주로 시스템의 안정성을 중시하는 상황에서 활용된다. [그림 2.6 (a)]와 같이 각 모듈이 동일한 스위칭 시퀀스를 가지기 위해서는 통신을 통한 동기화가 필수적이다. 동기 모드에서는 모든 인버터의 지령 전압이 동일한 삼각반송파와 비교되어 스위칭 시퀀스가 일치하므로 출력 전압의 변동이 최소화된다. 그러나, 스위칭 주파수의 고조파 성분이 특정 주파수 대역에 집중되어 전자기적 간섭이 크게 발생한다. 따라서, 동기 모드는 고주파의 EMI보다는 출력 전압의 안정성이 요구되는 고정밀 산업용 장비나 민감한 부하가 연결된 시스템에서 주로 적용된다.

반면, [그림 2.6 (b)]에 나타난 비동기 모드는 각 모듈 간의 스위칭 시퀀스가 서로 상이하게 동작하는 방식을 의미한다. 비동기 모드는 각 인버터 모듈의 지령 전압과 비교되는 삼각반송파의 위상을 이동하여 모듈간 스위칭 시퀀스를 분산시킨다. 이에 따라 스위칭 주파수 대역에서의 EMI를 저감할 수 있다. 또한, 비동기 모드는 인버터의 출력 품질을 향상시키기 위해 적용되는 방식으로 출력 전압의 해상도를 높이거나 전력 손실을 줄이는 데 효과적이고, 고효율의 전력 공급이 요구되는 응용 분야에서 활용된다. 예를 들어, 분산된 전력망에서 비동기 모드를 통해 보다 정교한 전압 조절이 가능하다. 비동기 모드를 사용하면 출력 전압의 레벨 수가 증가하여 전압의 단계적 변화가 보다 세밀하게 조정될 수 있다.

이는 특히 전력 변환 효율을 극대화하고자 할 때 유용하다.

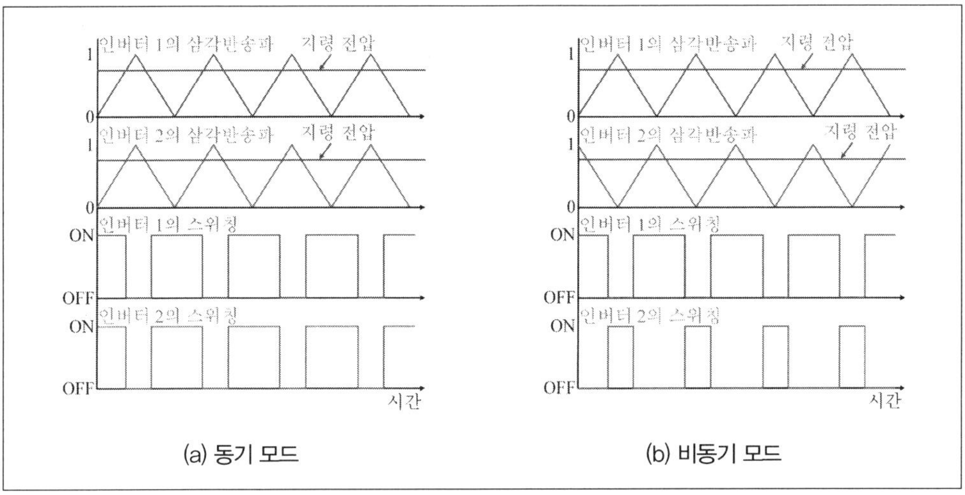

그림 2.6 병렬 인버터의 동작 모드

이러한 비동기 모드의 장점에도 불구하고, 모듈 간의 스위칭 시퀀스 차이로 인해 발생할 수 있는 전류 리플과 고조파 왜곡은 주의해야 할 점이다. 각 모듈의 스위칭 상태에 따라 병렬 인버터의 극전압이 달라지므로, 시스템을 설계할 때 이러한 요소들을 면밀히 검토해야 한다. 예를 들어, 3레벨 인버터 2개가 병렬로 연결된 경우에 동기 모드에서는 [그림 2.7(a)]와 같이 극전압이 3개의 레벨로 나타나지만, 비동기 모드에서는 [그림 2.7(b)]와 같이 극전압이 5개의 레벨로 나타난다. 이때 두 모듈의 스위칭 상태가 동일하면 극전압은 동기 모드의 극전압과 동일한 값을 가지지만, 스위칭 상태가 상이할 경우에는 극전압이 달라지게 된다. [표 2.2]에 제시된 바와 같이, 각 모듈의 스위칭 상태에 따라 병렬 인버터의 극전압과 스위칭 상태가 어떻게 달라지는지를 확인하는 것이 중요하다. 이에 따라 병렬 인버터를 구동할 때, 최적의 성능을 발휘할 수 있도록 동작 모드를 선택하여 사용해야 한다.

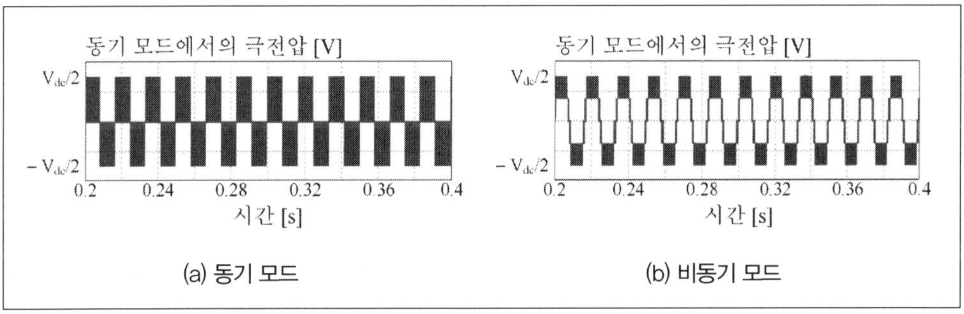

그림 2.7 병렬 인버터의 동작 모드에 따른 극전압

[표 2.2] 병렬 인버터의 스위칭 상태 및 극전압

3레벨 인버터 1		3레벨 인버터 2		병렬 인버터	
스위칭 상태	전압	스위칭 상태	전압	스위칭 상태	전압
N	$-V_{dc}/2$	N	$-V_{dc}/2$	0	$-V_{dc}/2$
N	$-V_{dc}/2$	O	0	1	$-V_{dc}/4$
O	0	N	$-V_{dc}/2$		
N	$-V_{dc}/2$	P	$+V_{dc}/2$	2	0
O	0	O	0		
P	$+V_{dc}/2$	N	$-V_{dc}/2$		
P	$+V_{dc}/2$	O	0	3	$+V_{dc}/4$
O	0	P	$+V_{dc}/2$		
P	$+V_{dc}/2$	P	$+V_{dc}/2$	4	$+V_{dc}/2$

2.3 병렬 인버터의 순환 전류 분석

전력 시스템에서 순환 전류가 발생하는 메커니즘은 인버터 간의 복잡한 상호작용에 기인한다. 병렬로 연결된 인버터는 동일한 부하를 공유하지만, 각 인버터의 출력 전압이 미세하게 다를 수 있다. 이러한 미세한 차이에도 불구하고, 전체 시스템의 안정성을 유지하기 위해 인버터 간의 전류 흐름이 자동으로 조절된다. 하지만, 이 과정에서 발생하는 전류 불균형은 순환 전류로 이어진다.

순환 전류의 발생 경로는 다음과 같이 설명할 수 있다. 한 인버터의 출력 전압이 다른 인버터보다 약간 높거나 낮을 때, 전압 차이로 인해 전류가 이 인버터 간에 순환하게 된다. 이 전류는 시스템의 부하를 통해 흐르지 않고, 인버터들 간의 전류 경로를 형성하며 순환한다. 이러한 순환 전류는 불필요한 에너지 소비를 유발하며, 전체 시스템의 효율성을 저하시키는 주된 요인 중 하나이다.

또한, 인버터의 스위칭 동작이 순환 전류 발생에 영향을 미칠 수 있다. 특히, 고주파 스위칭이 사용되는 인버터에서는 스위칭 타이밍의 미세한 불일치로 인해 전압과 전류의 차이가 발생할 수 있으며, 이는 순환 전류를 유발하는 원인으로 작용한다. 스위칭 동작의 미세한 차이조차도 순환 전류의 발생을 촉진할 수 있기 때문에, 인버터 간의 정확한 동기화가 필수적이다. 예를 들어, [그림 2.8(a)]와 같이 병렬 인버터의 삼각 반송파에 미세한 차이가 있어 스위칭 동작이 상이할 경우에 순환 전류가 발생한다. 이러한 순환 전류를 억제하기 위해서는 [그림 2.8(b)]와 같이 스위칭 동작을 동기화하는 제어가 필요하다.

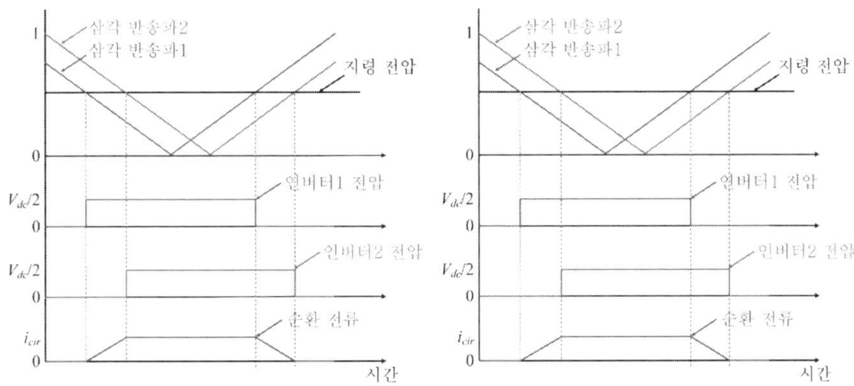

(a) 삼각 반송파의 차이에 의한 순환 전류 (b) 인버터 전압 동기화에 따른 순환 전류

그림 2.8 삼각 반송파에 따른 인버터 전압 및 순환 전류

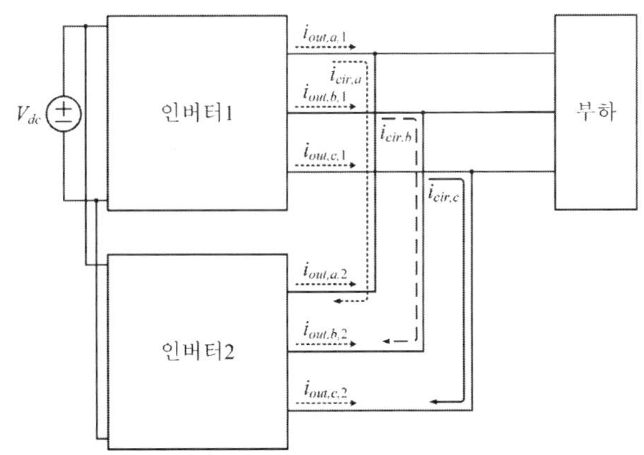

그림 2.9 병렬 인버터의 출력 전류 및 순환 전류

[그림 2.9]에서 각 인버터 모듈에 흐르는 전류 $i_{x,1}$과 $i_{x,2}$를 다음과 같이 정의할 수 있다.

$$i_{x,1} = i_{out,x,1} + i_{cir,x}, i_{x,2} = i_{out,x,2} - i_{cir,x}, x = a,b,c \tag{2.1}$$

여기서, $i_{out,x,1}$과 $i_{out,x,2}$는 각 인버터의 이상적인 출력 전류를 나타내며, $i_{cir,x}$는 x상의 순환 전류를 나타낸다. 순환 전류의 방향은 인버터 1의 전류와 같은 방향으로 설정하였다. 식 (2.1)을 이용하여 각 상의 순환 전류를 계산하면 식 (2.2)와 같다.

$$i_{cir,x} = \frac{i_{x,1} - i_{x,2}}{2} \tag{2.2}$$

평형 상태일 경우에 3상 전류의 합이 0A이지만, 순환 전류가 발생한 경우에는 영상분 전류가 발생하여 3상 전류의 합이 0A가 아닌 값을 갖는다. 이를 기반으로 각 인버터의 영상분 전류 $i_{zsc,j}$를 계산하면 식 (2.3)과 같다.

$$\begin{aligned} i_{zsc,1} &= i_{a,1} + i_{b,1} + i_{c,1} = \sum_{k=a,b,c} (i_{out,k,1} + i_{cir,k}) = i_{cir,a} + i_{cir,b} + i_{cir,c} = i_{cir}, \\ i_{zsc,2} &= i_{a,2} + i_{b,2} + i_{c,2} = \sum_{k=a,b,c} (i_{out,k,2} - i_{cir,k}) = -(i_{cir,a} + i_{cir,b} + i_{cir,c}) = -i_{cir} \end{aligned} \tag{2.3}$$

여기서 i_{cir}는 3상 순환 전류의 합으로 식 (2.3)을 기반으로 병렬 인버터의 순환 전류 i_{cir}는 식 (2.4)와 같이 각 인버터의 영상분 전류에 의해 계산된다.

$$i_{cir} = i_{zsc,1} = -i_{zsc,2} = \frac{i_{zsc,1} - i_{zsc,2}}{2} \tag{2.4}$$

병렬 인버터 내에서 순환 전류의 경로는 [그림 2.10]과 같이 직류단의 포함 유무에 따라 2가지로 구분된다. 먼저, 직류단이 포함되지 않는 경우에는 각 인버터의 스위칭 상태가 동일하다. 예를 들어, [그림 2.10(a)]와 같이 $T_{x1,j}$ 및 $T_{x2,j}$가 꺼져있고, $T_{x3,j}$ 및 $T_{x4,j}$가 켜진 경우에 각 인버터의 스위칭 상태는 N으로 동일하여 순환 전류가 발생하더라도 직류단을 포함하지 않는 경로로 흐른다. 반면에, 각 인버터의 스위칭 상태가 다른 경우에는 [그림 2.10(b)]와 같이 직류단을 포함하는 순환 전류의 경로를 갖는다. 이 중에서 인버터 간 스위칭 상태가 상이하여 직류단을 포함하는 순환 전류의 경로가 순환 전류의 주요 성분이다.

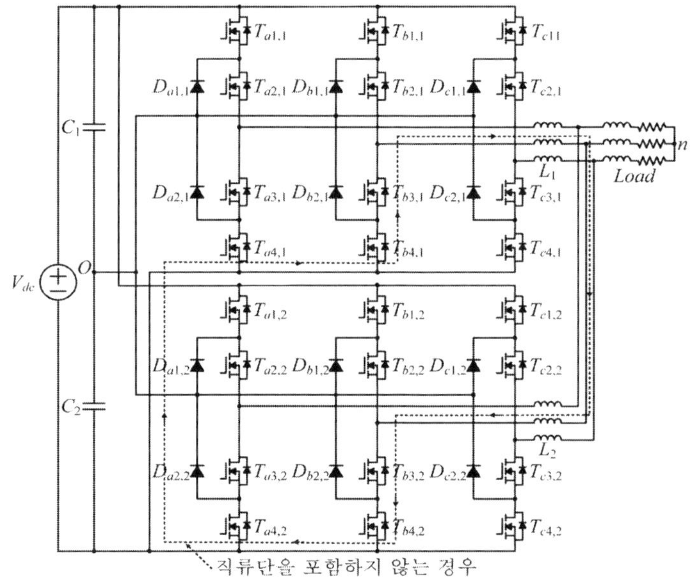

(a) 직류단을 포함하지 않는 순환 전류 경로

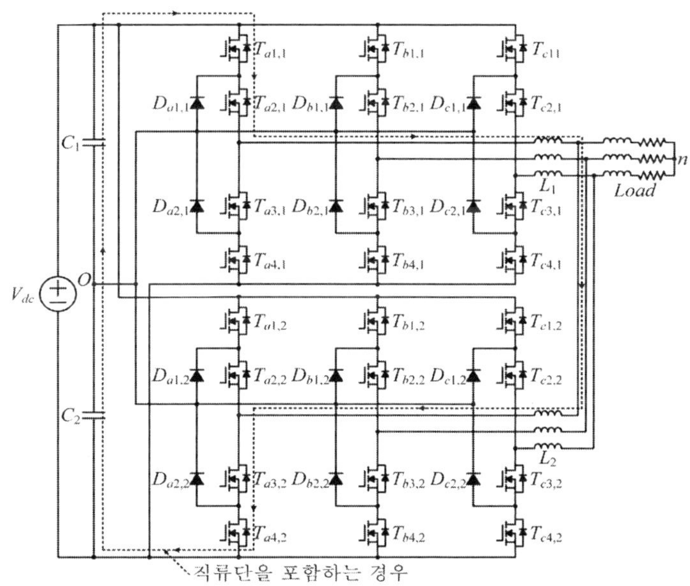

(b) 직류단을 포함하는 순환 전류 경로

그림 2.10 2병렬 3레벨 인버터의 회로도 및 순환 전류의 경로

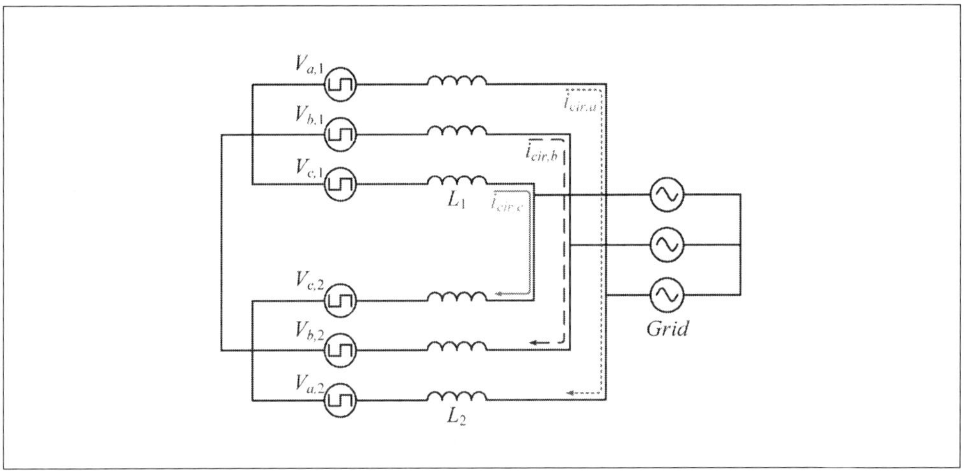

그림 2.11 2병렬 3레벨 인버터의 등가 회로

[그림 2.11]은 병렬 인버터의 등가 회로를 나타내며, 각 인버터의 상전압 $V_{x,1}$과 $V_{x,2}$는 식 (2.5)와 같이 스위칭 함수 $S_{x,j}$에 의해 결정된다.

$$S_{x,j} = \begin{cases} 0\left(T_{x1,j}, T_{x2,j} : on/\, T_{x3,j}, T_{x4,j} : off\right) \\ 1\left(T_{x2,j}, T_{x3,j} : on/\, T_{x1,j}, T_{x4,j} : off\right) \\ 2\left(T_{x3,j}, T_{x4,j} : on/\, T_{x1,j}, T_{x2,j} : off\right) \end{cases} \tag{2.5}$$

$$V_{x,1} = \frac{V_{dc}(S_{x,1}-1)}{2},\ V_{x,2} = \frac{V_{dc}(S_{x,2}-1)}{2} \tag{2.6}$$

여기서 V_{dc}는 인버터의 직류단 전압이다. 인버터의 스위칭 상태는 각 상을 구성하는 전력 반도체의 스위칭 상태에 따라 결정된다. $T_{x1,j}$ 및 $T_{x2,j}$가 켜져있고 $T_{x3,j}$ 및 $T_{x4,j}$가 꺼진 경우에 스위칭 상태는 P이며, 이때 $S_{x,j}$는 2로 정의된다. 마찬가지로 스위칭 상태가 O인 경우의 스위칭 함수 $S_{x,j}$는 1, 스위칭 상태가 N인 경우의 스위칭 함수 $S_{x,j}$는 0으로 정의된다.

키르히호프의 전압 법칙에 의해 각 인버터의 전압 방정식은 식 (2.7)과 같다.

$$V_{x,1} = L_1\frac{di_{x,1}}{dt} + R_1 i_{x,1},\ V_{x,2} = L_2\frac{di_{x,2}}{dt} + R_2 i_{x,2} \tag{2.7}$$

여기서, 각 인버터의 다른 요소는 모두 동일하고, 순환 전류에 의해 출력 전류의 차이가 존재할 경우에 전압 방정식을 식 (2.8)과 같이 표현할 수 있다.

$$V_{x,1} = L_1 \frac{d(i_{out,x,1} + i_{cir,x})}{dt} + R_1(i_{out,x,1} + i_{cir,x})$$
$$V_{x,2} = L_2 \frac{d(i_{out,x,2} - i_{cir,x})}{dt} + R_2(i_{out,x,2} - i_{cir,x}) \tag{2.8}$$

여기서 L_1과 L_2는 각 인버터의 인덕턴스를 나타내고, R_1과 R_2는 각 인버터의 저항 성분을 나타낸다. 식 (2.8)에서 각 인버터의 전류가 동일($i_{x,1} = i_{x,2}$)한 경우에 각 인버터의 전압 방정식을 통해 순환 전류의 변화량을 식 (2.9)와 같이 나타낼 수 있다. 이 때, 저항 성분에 의한 전압 강하는 인덕턴스에 의한 전류 변화에 비해 매우 작으므로 무시할 수 있다.

$$\frac{di_{cir,x}}{dt} = \frac{V_{x,1} - V_{x,2}}{L_1 + L_2} \tag{2.9}$$

식 (2.6)과 식 (2.9)를 기반으로 x상의 순환 전류는 식 (2.10)과 같이 정의되며, 각 인버터의 스위칭 상태에 따라 x상 순환 전류의 변화량이 결정된다.

$$\frac{di_{cir,x}}{dt} = \frac{V_{dc}}{2} \frac{(S_{x,1} - S_{x,2})}{L_1 + L_2} \tag{2.10}$$

3상 인버터에서 공통 모드 전압(Common mode voltage, CMV)은 직류단의 중성점과 3상 부하측의 중성점 사이의 전압 차를 의미한다. 각 인버터의 CMV는 3상 전압의 합에 의해 식 (2.11)과 같이 정의된다.

$$V_{cm,j} = -\frac{V_{a,j} + V_{b,j} + V_{c,j}}{3} \tag{2.11}$$

식 (2.11)에 식 (2.6)을 대입하면 각 인버터의 CMV를 스위칭 상태에 따라 표현할 수 있다.

$$V_{cm,j} = -\frac{V_{dc}(S_{a,j} + S_{b,j} + S_{c,j} - 3)}{6} \tag{2.12}$$

이를 기반으로 3상 인버터의 순환 전류는 식 (2.10)에 식 (2.12)를 대입하여 정의할 수 있으며, 식 (2.13)과 같이 스위칭 상태에 따라 결정된다.

$$\frac{di_{cir}}{dt} = \sum_{x=a,b,c} \frac{V_{dc}}{2} \frac{(S_{x,1} - S_{x,2})}{L_1 + L_2} = \frac{V_{dc}}{2} \frac{S_1 - S_2}{L_1 + L_2} = \frac{3(V_{cm,1} - V_{cm,2})}{L_1 + L_2} \tag{2.13}$$

여기서 S_1과 S_2는 각 인버터의 3상 스위칭 상태의 합을 나타낸다. 첫 번째 인버터의 스위칭 상태 S_1이 두 번째 인버터의 스위칭 상태 S_2보다 큰 경우에는 순환 전류가 증가하고, S_1이 S_2보다 작은 경우에는 순환 전류가 감소한다. S_1과 S_2가 동일한 스위칭 상태를 갖는 경우에는 순환 전류의 변화가 없다.

순환 전류는 병렬 인버터 시스템에서 중요한 현상으로 주파수에 따라 그 특성과 영향이 다르다. 이러한 순환 전류는 시스템의 전력 효율과 신뢰성에 큰 영향을 미칠 수 있어 이를 명확히 이해하고 관리하는 것이 필수적이다. 순환 전류는 크게 저주파 순환 전류와 고주파 순환 전류로 나뉘며, 각 주파수에 따른 순환 전류의 발생 원리와 특성은 [그림 2.12(a)]와 [그림 2.12(b)]를 통해 자세히 살펴볼 수 있다.

저주파 순환 전류는 병렬로 연결된 인버터 간의 전압 차이로 인해 발생한다. 특히, 각 인버터의 영상분 전압이 서로 다를 때, 전압 차이로 인한 순환 전류가 발생하게 된다. 여기서 각 인버터의 영상분 전압은 식 (2.14)로 정의되고, 이에 따라 각 상의 전압 $V_{x,1}$과 $V_{x,2}$는 지령 전압 '$V_{x,1,ref}$와 $V_{x,2,ref}$'과 영상분 전압 '$V_{zsv,1}$과 $V_{zsv,2}$'에 의해 식 (2.15)와 같이 표현된다.

$$V_{zsv,j} = -\frac{\max(V_{xj,ref}) + \max(V_{xj,ref})}{2}, j = 1,2 \tag{2.14}$$

$$V_{x,1} = V_{x,1,ref} + V_{zsv,1},\ V_{x,2} = V_{x,2,ref} + V_{zsv,2} \tag{2.15}$$

저주파 순환 전류는 각 인버터가 동일한 삼각 반송파의 주파수를 공유하는 상황에서 인버터 간에 전압 불일치가 발생할 때 나타난다. [그림 2.12(a)]에서 각 인버터의 3상 전압이 서로 다른 크기를 띠고 있는 것을 확인할 수 있다. 이는 각 인버터의 스위칭 시퀀스가 완벽히 일치하지 않음을 나타내며, 그 결과 인버터 간에 전압 차이가 발생하여 순환 전류가 흐르게 된다.

고주파 순환 전류는 각 인버터의 삼각 반송파 주파수가 비동기 상태에 있을 때 발생하며, 이때 각 인버터의 전압은 동일하다. [그림 2.12(b)]에서 모듈 1과 모듈 2의 삼각 반송파의 위상이 서로 다르게 나타나며, 이는 스위칭 타이밍이 일치하지 않음을 의미한다. 이러한 비동기 상태에서 발생하는 전압 차이는 고주파 성분을 포함한 순환 전류를 발생시키게 된다.

저주파 순환 전류와 고주파 순환 전류는 병렬 인버터 시스템에서 발생할 수 있는 대표적인 순환 전류의 유형이며, 각각의 주파수 특성에 따라 시스템에 미치는 영향이 다르다. [그림 2.12(a)]와 [그림 2.12(b)]를 통해 순환 전류가 주파수에 따라 어떻게 다르게 나타나는지 분석할 수 있으며, 두 순환 전류의 발생 원인에 따라 억제할 수 있는 기법에 차이가 있다.

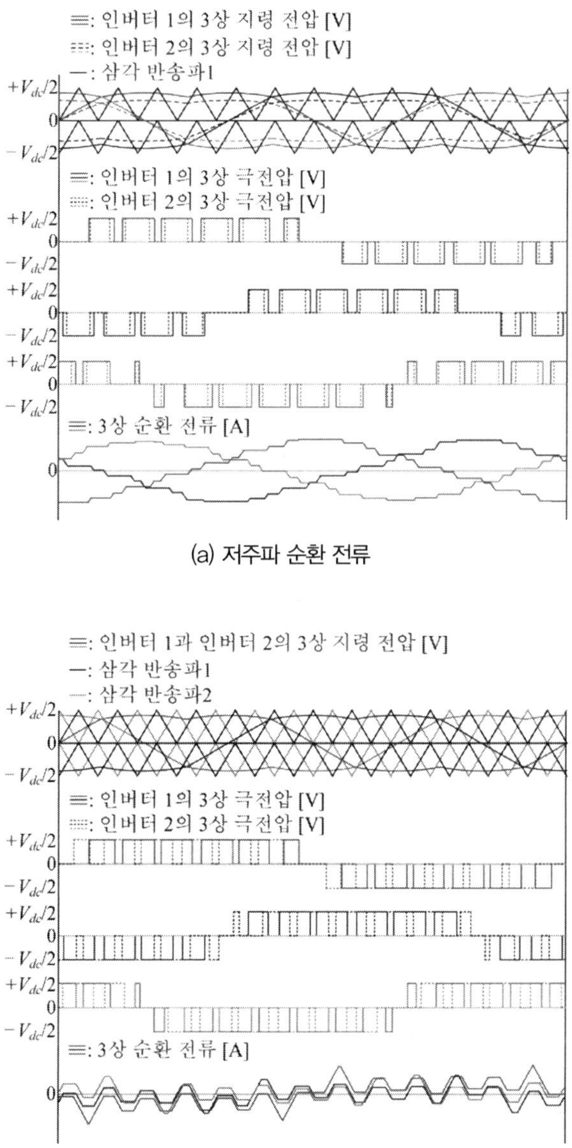

(a) 저주파 순환 전류

(b) 고주파 순환 전류

그림 2.12 순환 전류의 발생 과정

2.4 참고문헌

[1] Y.-J. Kim, S.-M. Kim, and K.-B. Lee, "Improving DC-Link Capacitor Lifetime for Three-Level Photovoltaic Hybrid Active NPC Inverters in Full Modulation Index Range," *IEEE Trans. Power Electron.*, vol. 36, no. 5, pp. 5250–5261, May 2021.

[2] S.-W. An, S.-M. Kim, and K.-B. Lee, "Capacitor Lifetime Extension in a Hybrid Active Neutral-Point-Clamped Inverter with Reduction of DC-Link Ripple Current and Common-Mode Voltage," *IEEE Access*, vol. 9, pp. 40336–40348, Mar. 2021.

[3] L. M. Halabi, I. M. Alsofyani, and K.-B. Lee, "Hardware Implementation for Hybrid Active NPC Converters Using FPGA-Based Dual Pulse Width Modulation," *J. Power Electron.*, vol. 21, no. 11, pp. 1669–1679, Nov. 2021.

[4] H.-R. Jo, Y. Ko, and K.-B. Lee, "Influence of Open-Switch Failures on DC-Link Capacitors in Hybrid ANPC Inverters," *J. Power Electron.*, vol. 21, no. 11, pp. 1735–1742, Nov. 2021.

[5] C. Roh, S. Kwak, and S. Choi, "Three-Phase Three-Level Four-Leg NPC Converters with Advanced Model Predictive Control," *J. Power Electron.*, vol. 21, no. 10, pp. 1574–1584, Oct. 2021.

[6] J. Wang, Y. Xun, X. Liu, S. Yu, and N. Jiang, "Soft Switching Circuit of High-Frequency Active Neutral Point Clamped Inverter Based of SiC/Si Hybrid Device," *J. Power Electron.*, vol. 21, no.1, pp. 71–84, Jan. 2021.

[7] B. Wei, J. M. Guerrero, J. C. Vasquez, and X. Guo, "A Circulating-Current Suppression Method for Parallel-Connected Voltage-Source Inverters with Common DC and AC Buses," *IEEE Trans. Ind. Appl.*, vol. 53, no. 4, pp. 3758–3769, Jul./Aug. 2017.

[8] X. Zhang, T. Wang, X. Wang, G. Wang, Z. Chen, and D. Xu, "A Coordinate Control Strategy for Circulating Current Suppression in Multiparalleled Three-Phase Inverters," *IEEE Trans. Ind. Electron.*, vol. 64, no. 1, pp. 838–847, Jan. 2017.

[9] Z. Quan and Y. Wei, "A Three-Level Space Vector Modulation Scheme for Paralleled Converters to Reduce Circulating Current and Common-Mode Voltage," *IEEE Trans. Power Electron.*, vol. 32, no. 1, pp. 703–714, Jan. 2017.

[10] Z. Xueguang, C. Jiaming, M. Yan, W. Yijie, and X. Dianguo, "Bandwidth Expansion Method for Circulating Current Control in Parallel Three-phase PWM Converter Connection

System," *IEEE Trans. Power Electron.*, vol. 29, no. 12, pp. 6847–6856, Dec. 2014.

[11] H.-K. Ku, J.-H. Jung, J.-W. Park, J.-M. Kim, and Y.-D. Son, "Fault-Tolerant Control Strategy for Open-Circuit Fault of Two-Parallel-Connected Three-Phase AC-DC Two-Level PWM Converter," *J. Power Electron.*, vol. 20, no. 3, pp. 731–742, May 2020.

[12] W. Li, X. Zhang, Y. Zhung, G. Zhang, G. Wang, and D. Xu, "A Five-Level Space Vector Modulation Scheme for Parallel Operated Three-Level Inverters with Reduced Line Current Distortion," *IEEE Trans. Power Electron.*, vol. 35, no. 10, pp. 11235–11249, Oct. 2020.

[13] Y. Li, X. Yang, and W. Chen, "Circulating Current Analysis and Suppression for Configured Three-Limb Inductors in Paralleled Three-Level T-Type Converters with Space-Vector Modulation," *IEEE Trans. Power Electron.*, vol. 32, no. 5, pp. 3338–3354, May 2017.

[14] Z. Xueguang, W. Li, Y. Xiao, G. Wang, and D. Xu, "Analysis and Suppression of Circulating Current Caused by Carrier Phase Difference in Parallel Voltage Source Inverters with SVPWM," *IEEE Trans. Power Electron.*, vol. 33, no. 12, pp. 11007–11020, Dec. 2018.

[15] B. Ren, X. Sun, M. Yu, J. Liu, and Q. Zhang, "Circulating Current Analysis and the Improved D-Σ Digital Control Strategy for Multiparalleled Three-Level T-Type Grid-Connected Inverters," *IEEE Trans. Ind. Electron.*, vol. 67, no. 4, pp. 2810–2821, Apr. 2020.

[16] D. Zhang, F. Wang, R. Burgos, and D. Boroyevich, "Common-Mode Circulating Current Control of Paralleled Interleaved Three-Phase Two-Level Voltage-Source Converters with Discontinuous Space-Vector Modulation," *IEEE Trans. Power Electron.*, vol. 26, no. 12, pp. 3925–3935, Dec. 2011.

[17] T.-F. Wu, L.-C. Yu, Y.-H. Huang, Y.-Y. Jhang, and B.-T. Zeng, "SPWM-Based Direct Digital Control with Average-Voltage Model and D-Σ Process for Paralleled 3φ3W Grid-Connected Converters to Reduce Circulating Currents," *IEEE Trans. Ind. Electron.*, vol. 66, no. 6, pp. 4436–4446, Jun. 2019.

[18] Z. Zeng, Z. Li, and S. M. Goetz, "Optimal Discontinuous Space Vector PWM for Zero-Sequence-Circulating Current Reduction in Two Paralleled Three-Phase Two-Level Converter," *IEEE Trans. Ind. Electron.*, vol. 68, no. 2, pp. 1252–1262, Feb. 2021.

[19] Z. Shao, X. Zhang, F. Wang, and R. Cao, "Modeling and Elimination of Zero-Sequence Circulating Currents in Parallel Three-Level T-Type Grid-Connected Inverters," *IEEE Trans. Power Electron.*, vol. 30, no. 2, pp. 1050–1063, Feb. 2015.

[20] R. Zhu, M. Liserre, X. Chen, and X. Wu, "Zero-Sequence Voltage Modulation Strategy for Multiparallel Converters Circulating Current Suppression," *IEEE Trans. Ind. Electron.*, vol. 64, no. 3, pp. 1841–1852, Mar. 2017.

[21] D. Panprasert and B. Neammanee, "The d and q Axes Technique for Suppression Zero-Sequence Circulating Current in Directly Parallel Three-Phase PWM Converters," *IEEE Access*, vol. 10, pp. 69120–69129, Apr. 2021.

[22] Q. Li, D. Jiang, Z. Shen, Y. Zhang, and Z. Liu, "Variable Switching Frequency PWM Strategy for High-Frequency Circulating Current Control in Paralleled Inverters with Coupled Inductors," *IEEE Trans. Power Electron.*, vol. 35, no. 5, pp. 5366–5380, May 2020.

CHAPTER 03

순환 전류의 억제 방안

순환 전류의 저감 기법은 [그림 3.1]에서 볼 수 있듯이 크게 하드웨어 추가, 제어 기법, 그리고 변조 기법의 세 가지로 분류된다. 각 기법은 다른 방식으로 순환 전류를 줄이기 위한 접근 방법을 제시하며, 시스템의 요구사항에 따라 적절하게 선택된다.

첫째, 하드웨어 추가 기반의 기법은 주로 순환 전류의 발생 경로를 물리적으로 차단하거나, 전류의 흐름을 제어하기 위해 변압기나 고임피던스 인덕터를 추가하는 방식이다. 절연 변압기를 사용하여 AC 측에서 순환 전류의 폐회로를 제거하거나, 고주파 필터를 추가하여 불필요한 고주파 성분을 억제하는 방법이 이에 해당한다. 이러한 하드웨어 기반의 기법은 비교적 단순하고 직관적이지만, 추가적인 하드웨어가 요구되기 때문에 시스템의 전체적인 부피와 비용이 증가하는 단점이 있다. 특히, 대형 전력 시스템에서는 이러한 부피와 비용이 매우 중요하게 고려된다. 따라서, 하드웨어 기반 기법은 시스템의 물리적 설계와 예산이 허용하는 경우에만 적용되는 것이 일반적이다.

둘째, 제어 기법 기반의 순환 전류 저감 방법은 추가적인 하드웨어 없이 시스템의 제어 로직을 수정하여 순환 전류를 억제하는 방법이다. 예를 들어, 수정된 스위칭 시퀀스, 최적화된 영상분 전압 주입, 삼각 반송파의 위상 가변, 삼각 반송파의 주기 가변과 같은 방법들이 사용된다. 이러한 기법들은 제어기의 알고리즘을 개선함으로써, 순환 전류를 효과적으로 억제할 수 있다. 특히, 캐리어 위상 변이와 주기 제어와 같은 방법은 고주파 순환 전류를 줄이는 데 매우 효과적이며, 시스템의 성능을 향상시키면서도 추가적인 비용을 발생시키지 않는다. 이 때문에 제어 기법 기반의 방법들은 기존 시스템에 간단히 적용할 수 있어 실용적이다. 그러나 이 방법들은 제어 알고리즘의 복잡성을 증가시킬 수 있으며, 이를 구현하기 위해서는 고성능의 제어기나 통신 등이 필요할 수 있다.

셋째, 변조 기법 기반의 순환 전류 저감 방법은 시스템의 상황에 맞는 지령 전압을 생성하고, 이에 따른 스위칭 시퀀스를 결정하여 순환 전류를 줄이는 방법이다. 이러한 변조 기법은 순환 전류를 저감할 뿐만 아니라, 스위칭 손실을 최소화하고, 전력 변환의 효율을 높이는 목적으로도 사용된다. 변조 기법은 펄스 폭 변조(Pulse width modulation, PWM)에 의한 스위칭 시퀀스를 최적화함으로써, 인버터의 출력 품질을 개선하고 순환 전류를 억제할 수 있다. 예를 들어, 공통 모드 전압의 인가를 통한 변조, 영상분 전압 가변을 통한 변조, 이중 지령 전압 기반의 변조, 인터리빙 기반의 불연속 변조 등의 방법들이 있다. 특히, 이중 지령 전압 기반의 변조(Double reference PWM, DRPWM)과 인터리빙 기반의 불연속 변조(Interleaved discontinuous PWM, IDPWM)과 같은 기법은 2개 이상의 인버터 모듈이 병렬로 연결된 경우에도 적용할 수 있다. 또한, DRPWM이나 IDPWM을 적용할 경우에 공통 모드의 전압 인가 방식이나 영상분 전압을 가변하는 방식보다 고주파 순환 전류를 크게 줄여 시스템의 전력 밀도를 유지하면서 고효율, 고신뢰성의 전력 변환이 가능하다.

결론적으로, 순환 전류의 저감 기법은 시스템의 특성에 따라 하드웨어 추가, 제어 기법, 변조 기법 중 적절한 방법을 선택하여 적용할 수 있다. 각 기법에 대한 저감 방법들은 [그림 3.1]에 제시된 바와 같으며 시스템의 요구사항에 따라 조합하여 사용된다. 3장에서는 이러한 기법들에 대해 더 자세히 분석하고, 각 기법의 장단점 및 적용 가능성을 논의한다.

3.1 하드웨어 기반의 억제 방안

병렬 인버터 시스템에서 각 인버터의 삼각 반송파 위상을 조절하는 인터리빙 방식은 출력 전류의 품질을 개선하는 데 매우 유용한 방법이다. 인터리빙 방식은 스위칭 주기를 분산시켜 전류 리플을 줄이고, 전체 시스템의 전류 파형을 정교하게 조절할 수 있는 장점이 있다. 그러나 이 방식은 병렬로 연결된 인버터 간에 순환 전류가 발생할 수 있는 원인을 제공하기도 한다. 순환 전류는 인버터 간에 불필요한 전류가 흐르도록 하여 시스템의 효율을 저하시킬 뿐만 아니라, 출력 전압의 품질에도 부정적인 영향을 미칠 수 있다. 따라서 이러

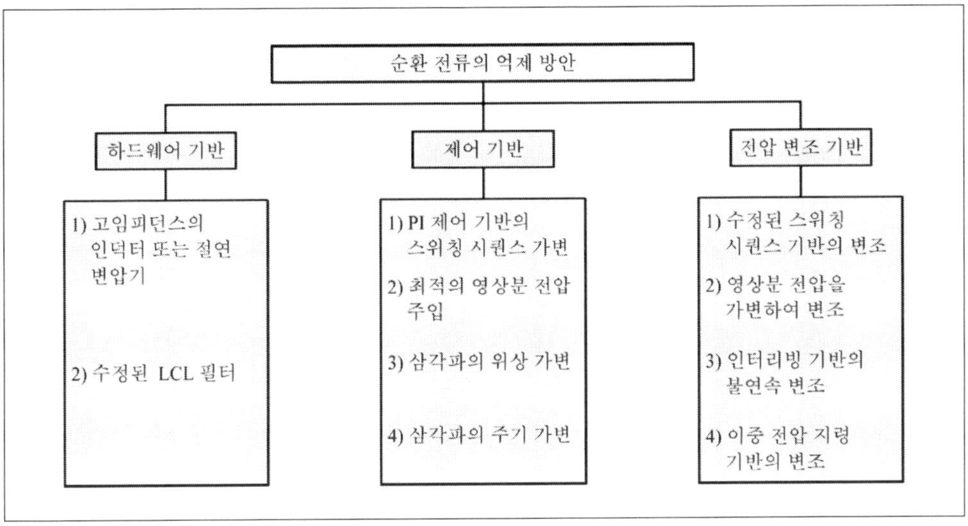

그림 3.1 순환 전류의 저감 기법

한 순환 전류를 효과적으로 억제하기 위한 하드웨어 기반의 다양한 접근 방식들이 제안되어 왔다.

가장 일반적인 방법 중 하나는 AC 측에 절연 변압기(Insulating Transfor-mer)를 추가하는 것이다. 절연 변압기는 고주파에서의 전류 경로를 차단하여 순환 전류의 발생을 억제하는 역할을 한다. 그러나 절연 변압기의 크기와 무게는 시스템의 전체적인 부피를 크게 증가시키는 요인이 된다. 이러한 부피의 증가는 특히 제한된 공간에서 시스템을 설치하거나 운영해야 하는 상황에서 큰 단점으로 작용할 수 있다.

이를 해결하기 위해 제안된 또 다른 방법은 고주파에서의 임피던스를 증가시키는 것이다. 이를 통해 병렬 인버터에서 순환 전류가 발생하는 폐회로를 제거할 수 있다. 이러한 방식으로는 Zero-sequence blocking transformer (ZSBT)와 커플드 인덕터[그림 3.2] 등이 있다. ZSBT는 영상분 전류를 차단하는 특수한 변압기로, 순환 전류를 억제하는 데 매우 효과적이다. 반면, 커플드 인덕터는 인덕턴스를 높여 고주파에서의 전류 흐름을 제한함으로써 순환 전류의 발생을 억제한다.

커플드 인덕터는 두 개 이상의 인덕터가 상호 결합되어, 자기장을 공유하는 구조를 가진다. 이를 통해 인버터 간의 상호작용을 최적화하고, 전류의 흐름을 효과적으로 제어할 수 있다. 커플드 인덕터의 설계에는 전기적 특성뿐만 아니라 기계적 안정성, 열적 관리, 자기적 특성 등을 종합적으로 고려해야 한다. 예를 들어, 커플드 인덕터의 자기 포화 현상을 방지하기 위해서는 적절한 코어 소재를 선택하고, 인덕터의 권선 수를 최적화하는 것이 중요하다. 또한, 인덕터의 크기와 배치를 최적화하여 시스템의 부피와 비용을 최소화하는 것이 필요하다.

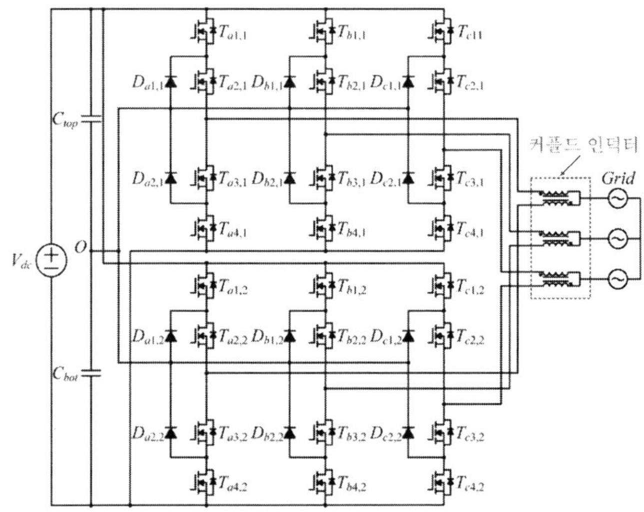

그림 3.2 커플드 인덕터를 갖는 병렬 인버터

또한, 계통 연계형 3레벨 인버터 시스템에서는 주로 LCL 필터를 사용하여 고주파 성분을 억제한다. 그러나 일반적인 LCL 필터만으로는 순환 전류를 효과적으로 억제할 수 없다. LCL 필터를 기반으로 한 순환 전류 억제 방법으로는 [그림 3.3(a)]에 나타난 것처럼 각 인버터의 3상 필터 커패시터가 연결된 P_c 지점을 DC 측의 중성점 O와 연결하여 고주파 순환 전류를 차단하는 방법이 있다. 이 방법은 간단하지만, LCL 필터의 고유 공진 주파수에서 내부 폐회로에 공진 현상이 발생하여 순환 전류가 발생할 수 있다.

LCL 필터의 공진은 인버터 시스템에서 매우 중요한 문제로, 이로 인해 출력 전류의 왜곡이 발생할 수 있다. 특히, 중성점에 커패시터를 연결하는 경우, 낮은 임피던스의 전류 경로가 생성되며, 특정 주파수(f_{r1})에서 식 (3.1)과 같은 공진 피크가 발생하게 된다. 이 공진은 출력 전류의 품질을 저하시킬 수 있으며, 시스템의 안정성을 위협할 수 있다. 따라서, LCL 필터를 사용하는 경우에는 공진 주파수를 적절히 조절하고, 공진을 억제하기 위한 추가적인 제어 방안이 필요하다.

$$f_{r1} = \frac{1}{2\pi\sqrt{\frac{(L_i + L_g)}{L_i L_g C_f}}} \tag{3.1}$$

여기서 L_i는 인버터측 인덕턴스, L_g는 계통측 인덕턴스, C_f는 커패시턴스이다.

한편, 인버터 측 인덕턴스 L_i와 커패시터 C_f가 직렬로 연결되어 LC 직렬 회로를 형성하게 되면, [그림 3.3(b)]에 표시된 바와 같이 LC 공진에 의해 내부 공진 순환 전류가 발생할 수 있다. 이러한 공진 현상을 억제하기 위해서는 외부 및 내부 폐회로에서 발생하는 공진을 제어할 수 있는 제어기가 추가로 요구된다. 이러한 제어기는 공진 주파수를 실시간으로 모니터링하고, 공진 현상이 발생할 때 이를 효과적으로 억제하는 역할을 한다.

결론적으로, 하드웨어 기반의 순환 전류 억제 방법은 시스템의 전력 품질과 안정성을 크게 향상시킬 수 있는 중요한 방법이다. 그러나 이러한 방법들은 추가적인 하드웨어와 시스템 설계의 복잡성을 동반하기 때문에, 각 시스템의 요구사항에 맞는 적절한 설계와 선

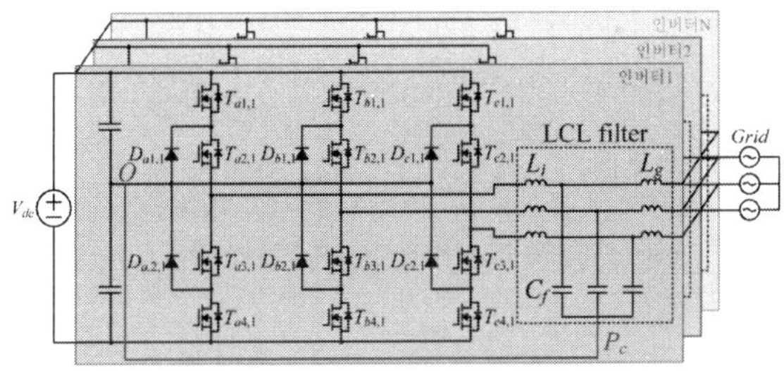

(a) 수정된 LCL 필터를 갖는 3레벨 인버터

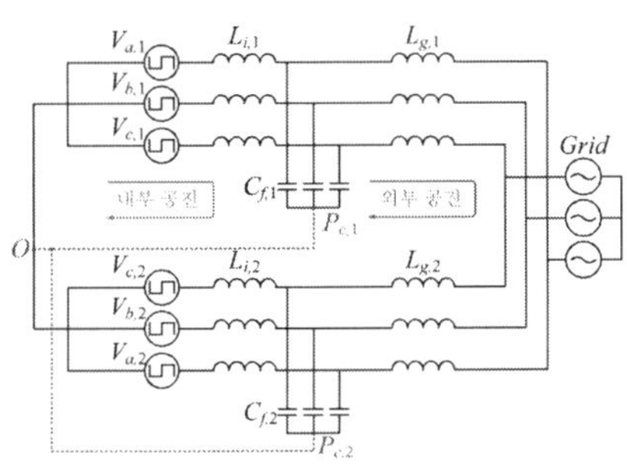

(b) 등가 회로

그림 3.3 수정된 LCL 필터를 갖는 병렬 인버터

택이 필요하다. 커플드 인덕터와 LCL 필터를 포함한 다양한 하드웨어 기반의 방법들은 인버터 시스템에서의 순환 전류 문제를 해결하는 데 중요한 역할을 하며, 이를 통해 고효율, 고신뢰성의 전력 변환 시스템을 구현할 수 있다.

3.2 제어 기법 기반의 억제 방안

2장에서 분석한 바에 따라 순환 전류는 병렬로 연결된 인버터의 파라미터 및 각 인버터의 지령 전압에 따라 크게 영향을 받는다. 이는 인버터 시스템의 성능 저하와 함께 전체 시스템의 신뢰성에도 부정적인 영향을 미칠 수 있다. 이러한 문제를 해결하기 위해 다양한 제어 기법이 개발되었으며, 이들은 하드웨어의 추가 없이 제어 로직을 통해 순환 전류를 효과적으로 억제할 수 있다.

일반적으로 인버터 시스템에서는 공간 벡터 변조 방식(SVM)이 자주 사용된다. 이 방식은 전압 벡터의 위치를 최적화하여 출력 전압의 파형을 개선하고, 전력 변환의 효율을 높이는 역할을 한다. 그러나 병렬 인버터에 SVM을 적용할 경우, 특정 전압 벡터들이 순환 전류를 발생시키는 문제가 발생할 수 있다. 이러한 문제는 특히 고주파에서 인버터 간의 비동기적인 스위칭 시퀀스에 의해 발생하는데, 순환 전류는 출력 전압의 왜곡을 초래할 수 있으며, 이는 시스템의 전체 성능을 저하시키는 원인이 된다.

순환 전류 문제를 해결하기 위한 제어 기법은 주로 추가적인 하드웨어 없이 제어 로직을 통해 이를 억제하는 것을 목표로 한다. 이러한 기법들은 시스템의 효율성을 극대화하고, 출력 전압의 품질을 향상시키는 데 중요한 역할을 한다. 또한, 각 제어 기법은 시스템의 특성에 따라 선택적으로 적용될 수 있으며, 경우에 따라 여러 방법을 조합하여 사용할 수 있다.

SVM을 병렬 인버터에 적용할 때 발생할 수 있는 순환 전류 문제를 해결하기 위해, 제어 기법들은 주로 고주파 순환 전류와 저주파 순환 전류를 구분하여 접근한다. 고주파 순환 전류는 주로 인버터 간의 비동기적인 스위칭 시퀀스에서 발생하며, 이는 캐리어 동기화를 통해 억제할 수 있다. 반면에 저주파 순환 전류는 하드웨어의 비대칭성이나 인버터 간의 독립적인 제어에 의해 발생하며, 제로 시퀀스 전압을 최적화하여 해결할 수 있다.

이러한 제어 기법들은 각각의 특성과 장단점을 가지고 있으며, 병렬 인버터 시스템의 특성에 따라 적절히 선택될 수 있다. 제어 기법들의 핵심은 추가적인 하드웨어를 필요로 하지 않으면서도 제어 로직을 통해 순환 전류를 억제하고, 출력 전압의 품질을 유지하며, 시스템의 신뢰성을 높이는 것이다. 이 장에서는 이러한 제어 기법들의 원리와 적용 방법 및 각 기법들의 특징에 대해 상세히 설명한다.

3.2.1 수정된 스위칭 시퀀스

병렬 연결된 3레벨 인버터는 고전압 및 대전력을 위한 전력 변환 시스템에서 널리 사용되며, 높은 전력 밀도와 우수한 전력 품질을 제공한다. 그러나 이러한 인버터 구조에서는 여러 스위칭 소자를 사용하여 다양한 전압 레벨을 생성하기 때문에, 병렬로 연결된 인버터들 사이에서 전압 불일치가 발생할 수 있다. 이로 인해 저주파 순환 전류가 발생하며, 이는 시스템의 효율성을 저하시킬 뿐만 아니라, 장기적으로 시스템의 신뢰성을 떨어뜨릴 수 있다.

기존의 스위칭 시퀀스, 특히 SVM은 전압 벡터의 최적 배치를 통해 전력 변환의 효율을 높이는 데 중점을 둔다. 그러나 이러한 방식은 순환 전류를 효과적으로 억제하지 못하는 단점이 있다. 순환 전류는 인버터 시스템에서 불필요한 에너지 소모를 유발하며, 시간이 지남에 따라 시스템의 신뢰성을 저하시킬 수 있다. 따라서, 보다 정교한 전압 벡터 제어를 통해 이 문제를 해결하는 것이 필요하다.

수정된 스위칭 시퀀스를 도입하면, 이러한 문제를 효과적으로 해결할 수 있다. 새로운 스위칭 시퀀스는 기존의 방법보다 더욱 정교한 전압 출력을 가능하게 하여, 순환 전류를 억제하면서도 전력 변환 시스템의 효율과 신뢰성을 높일 수 있다. 이를 통해 인버터 시스템의 성능 향상을 도모할 수 있으며, 대전력이 요구되는 응용 분야에서도 우수한 출력 품질을 유지할 수 있다.

스위칭 시퀀스의 개념

3레벨 인버터에서는 3개의 전압 레벨($+V_{dc}/2, 0V, -V_{dc}/2$)을 생성할 수 있으며, 이를 통해 전압 벡터를 형성한다. 이 전압 벡터는 출력 전압의 방향과 크기를 결정하며, 이를 통해 부하에 전달되는 전력을 제어할 수 있다. 전압 벡터의 선택과 스위칭 시퀀스의 조정은 인버터의 성능을 최적화하는 데 중요한 역할을 한다. 스위칭 시퀀스는 한 제어 주기 동안 사용되는 전압 벡터에 의한 스위칭 상태의 순서를 의미한다. 이 순서는 출력 전압의 파형을 결정하며, 전력 변환의 효율과 품질에 직접적인 영향을 미친다. 스위칭 시퀀스는 일반적으로 PWM 방식에 따라 결정되며, 각 전력 반도체의 스위칭 상태를 조정하여 원하는 출력 전압을 생성한다.

- 기존의 스위칭 시퀀스와 그 한계

기존의 SVM 방식은 고전압 활용과 우수한 출력 품질을 제공하기 위해 널리 사용되는 방법이다. SVM에서는 전압 벡터를 공간적으로 배치하여 출력 전압의 파형을 최적화하며, 이를 통해 전력 변환 효율을 높인다. 그러나 이 방법은 순환 전류 문제를 효과적으로 해결하지 못한다는 한계가 있다.

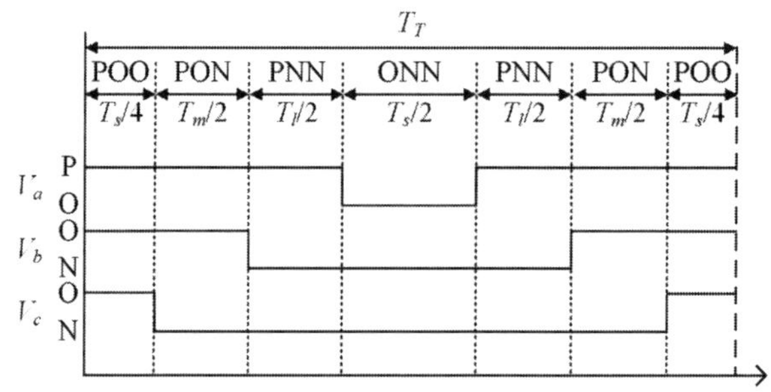

그림 3.4 SVM에서 스위칭 시퀀스

기존의 SVM에서는 한 제어 주기동안 스위칭 시퀀스가 [그림 3.4]와 같으며, 이때 Small 벡터가 사용되어 스위칭 상태가 POO나 ONN일 경우에 순환 전류가 크게 발생한다. 이러한 순환 전류를 억제하기 위한 가장 간단한 방법으로는 [그림 3.5]와 같이 Small 벡터를 Zero 벡터와 Large 벡터로 대체하여 인가하는 Large medium zero vector modulation (LMZVM) 기법이 있다. LMZVM을 적용하면 Small 벡터를 제외할 수 있지만, 병렬 인버터 시스템에서의 전압 불일치를 보정할 수 없어 순환 전류의 억제 효과가 미미하다. 병렬 인버터 시스템에서 순환 전류를 저감하기 위해서는 단순히 Small 벡터를 제외하는 것이 아니라 전압 불일치를 보정하는 제어 기법이 추가로 요구된다.

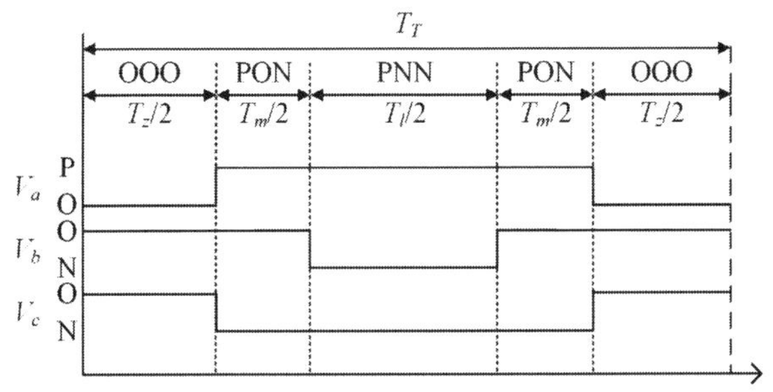

그림 3.5 LMZVM에서 스위칭 시퀀스

수정된 스위칭 시퀀스: LMSZVM

기존의 LMZVM의 한계를 극복하기 위해 제안된 방법이 Large Medium Small Zero Vector Modulation (LMSZVM)이다. LMSZVM은 기존의 LMZVM에 Small 벡터를 추가하여 순환 전류를 동시에 저감할 수 있는 방법이다. 이 기법에서는 [그림 3.6]과 같이 Small 벡터를 P형과 N형으로 구분하여, 순환 전류의 방향에 따라 적절한 소형 전압 벡터를 선택한다.

LMSZVM의 스위칭 시퀀스는 [그림 3.7]과 같이 구성되며, 이는 기존의 LMZVM과 다르게 순환 전류의 크기에 따라 요구되는 Small 벡터를 선택하여 인가한다. LMSZVM은 특히 병렬로 연결된 인버터 시스템에서 높은 효율과 우수한 출력 품질을 유지하면서도, 순환 전류 문제를 해결하는 데 유리하다. P형 Small 벡터는 OOP, POO, OPO로 구성되며, 순환 전류가 음수일 경우에 선택된다. 예를 들어, LMZVM에 의한 스위칭 시퀀스가 [그림 3.5]와 같을 경우에 순환 전류가 0A보다 작은 경우에는 P형 Small 벡터 중에서 POO를 추가하여 [그림 3.7(a)]와 같은 스위칭 시퀀스를 생성한다. 반대로, 순환 전류가 양수일 경우에는 N형 Small 벡터인 OON, NOO, ONO 중 하나를 선택하여 순환 전류를 억제한다. [그림 3.5]에서 순환 전류가 0A보다 큰 경우에는 [그림 3.7(b)]와 같이 OON을 추가한다. 이러한 Small 벡터의 선택은 순환 전류의 방향에 따라 동적으로 이루어지며, 이를 통해 인버터 간의 전압 불일치를 보정하고, 순환 전류의 발생을 억제할 수 있다.

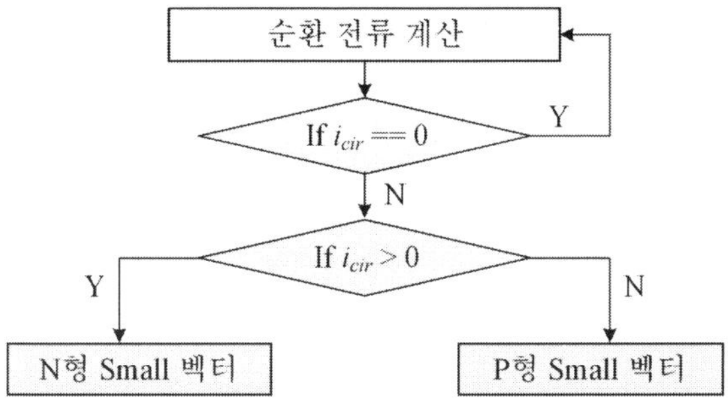

그림 3.6 저주파 순환 전류 저감을 위한 LMSZVM의 순서도

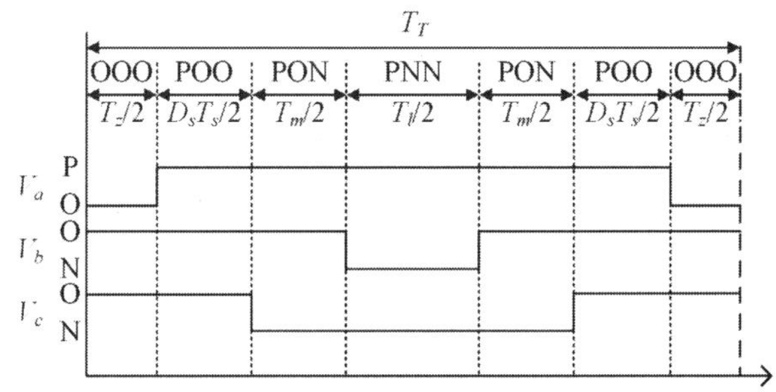

(a) P형 Small 벡터가 인가된 경우

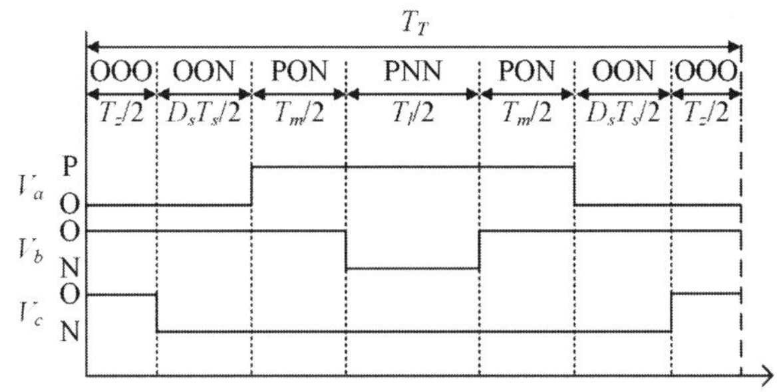

(b) N형 Small 벡터가 인가된 경우

그림 3.7 Small 벡터가 인가된 LMSZVM의 스위칭 시퀀스

■ LMSZVM의 동작 원리 및 제어 방법

LMSZVM에서 선택된 소형 전압 벡터가 한 제어 주기동안 인가되는 시간은 비례-적분(PI) 제어기를 통해 결정된다. PI 제어기는 순환 전류의 크기와 방향을 실시간으로 모니터링하여, Small 벡터의 인가 시간을 조정한다. 이는 순환 전류의 방향에 따라 Small

벡터를 동적으로 선택하고, 그 인가 시간을 조절함으로써 순환 전류를 효과적으로 억제할 수 있게 한다.

이상적인 병렬 인버터 시스템에서는 PI 제어기를 통해 Small 벡터의 인가 시간이 자동으로 조절되며, 이를 통해 CMV와 순환 전류를 동시에 저감할 수 있다. PI 제어기는 순환 전류의 지령 값과 실제 값을 비교하여, 그 오차를 기반으로 인가 시간을 조정하며, 식 (3.2)와 같이 계산된다. 이는 인버터 간의 전압 불일치를 보정하고, 순환 전류의 발생을 실시간으로 억제할 수 있는 중요한 메커니즘이다.

$$D_s T_T = \left| K_P + \frac{K_I}{s}(i_{cir,ref} - i_{cir}) \right| T_T \tag{3.2}$$

여기서 K_P와 K_I는 각각 PI 제어기의 이득을 나타낸다.

[그림 3.8]은 LMSZVM에서 Small 벡터를 선택하는 과정을 블록도로 나타낸 것이다. 이 블록도는 순환 전류의 방향과 크기에 따라 Small 벡터를 동적으로 선택하고, 그 인가 시간을 조정하는 과정을 설명한다. 먼저 순환 전류를 계산하고, 그 값이 0A인지 판단한다. 순환 전류가 발생하지 않을 경우에는 순환 전류가 0A이므로 Small 벡터를 추가하지 않고, 순환 전류가 0A가 아닌 경우에는 순환 전류의 방향을 판단한다. 순환 전류가 양의 값을 갖는 경우에는 순환 전류의 억제를 위해서 N형 Small 벡터를 인가하고, 순환 전류가 음의 값을 갖는 경우에는 P형 Small 벡터를 인가한다.

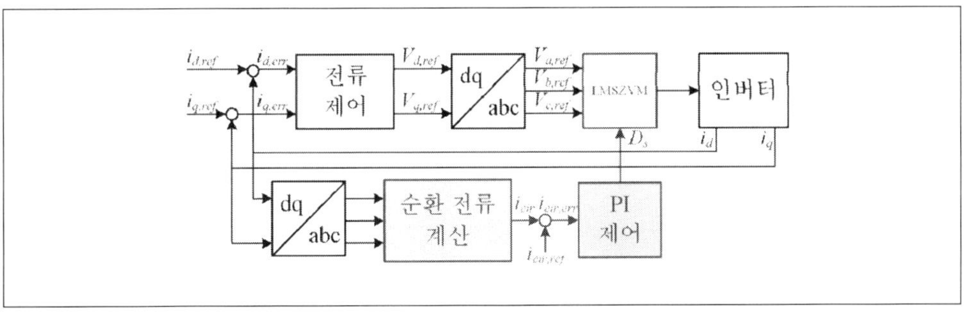

그림 3.8 수정된 스위칭 시퀀스를 이용한 제어 블록도

시뮬레이션을 통해 LMSZVM 기법의 성능을 검증한 결과는 [그림 3.9]와 같으며, 기존 SVPWM을 적용한 경우에 비해 저주파 순환 전류가 약 90.9% 저감되었다.

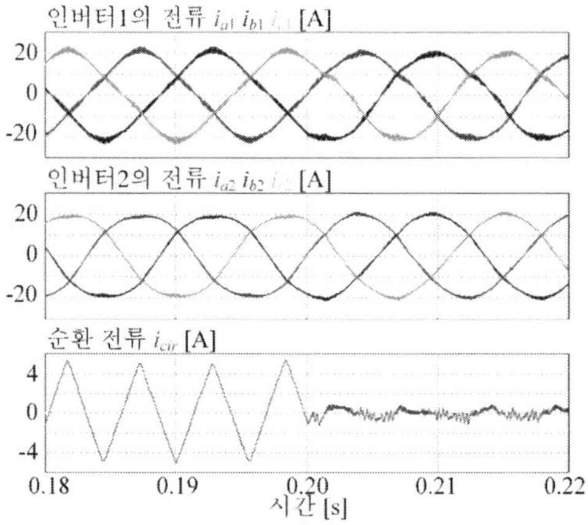

그림 3.9 수정된 스위칭 시퀀스 기반의 순환 전류 저감 시뮬레이션 결과

LMSZVM는 앞서 설명한 바와 같이 Small 벡터를 적절히 인가하여 순환 전류와 CMV를 동시에 저감하여 병렬 인버터 시스템의 출력 품질을 향상 시킬 수 있다. 또한, PI 제어기를 통해 순환 전류를 실시간으로 제어하여 다양한 운영 조건에서 안정적인 성능을 제공한다.

그러나 LMSZVM은 기존의 LMZVM에 비해 제어 로직이 복잡하며, Small 벡터의 선택과 인가 시간을 실시간으로 조정해야 하기 때문에 고성능의 제어기가 요구된다. 이는 시스템 설계 시 고려해야 할 중요한 요소이며, LMSZVM을 적용할 때는 이러한 제어 복잡성을 충분히 이해하고, 적절한 제어기를 선택하는 것이 필요하다.

LMSZVM은 3레벨 인버터에서 CMV와 순환 전류를 동시에 저감할 수 있는 효과적인 방법으로, 특히 병렬로 연결된 인버터 시스템에서 높은 성능을 발휘한다. 이 방법은 기존의 LMZVM에 비해 우수한 출력 품질과 높은 효율을 제공하며, 다양한 운영 조건에서 안정적인 성능을 유지할 수 있다. 그러나 제어 로직의 복잡성과 제어기의 성능 요구가 높아지므로, 시스템 설계 시 이러한 요소들을 충분히 고려해야 한다.

결론적으로, LMSZVM은 순환 전류 문제를 해결하고, CMV를 저감할 수 있는 강력한 방법으로, 고신뢰성의 전력 변환 시스템에 적용하기에 적합하다. 이를 통해 병렬 인버터 시스템에서 발생할 수 있는 다양한 문제들을 효과적으로 해결할 수 있으며, 시스템의 전체적인 성능을 최적화할 수 있다.

3.2.2 최적화된 영상분 전압 주입

3레벨 인버터는 극전압을 생성하기 위해 두 개의 삼각 반송파를 사용한다. 각 반송파는 출력 전압의 레벨을 결정하는 데 사용되며, 반송파와 지령 전압의 비교를 통해 스위칭 소자의 상태가 결정된다. 예를 들어, 지령 전압과 삼각 반송파 $V_{tri,1}$을 비교하여 $T_{x1,j}$와 $T_{x3,j}$의 스위칭 상태를 결정하고, 지령 전압과 삼각 반송파 $V_{tri,2}$를 비교하여 $T_{x2,j}$와 $T_{x4,j}$의 스위칭 상태를 결정하게 된다.

이러한 방식은 인버터의 출력 전압을 조절하는 가장 간단하고 널리 적용되는 방법이지만, 몇 가지 중요한 문제를 야기할 수 있다. 첫째, 이 방식은 스위칭 시퀀스에 의해 항상 특정 전압 벡터, 특히 Small 벡터가 인가되게 된다. Small 벡터는 CMV를 증가시키며, 이는 전력 변환 시스템에서 EMI를 유발하고 시스템의 신뢰성을 저하시킬 수 있다.

■ CMV 문제와 순환 전류 문제

CMV 문제는 인버터에서 발생하는 비대칭 전압 성분으로, 특히 고주파에서 EMI를 유발한다. 이는 스위칭 시퀀스의 불일치로 인해 발생하며, 시스템의 출력 전압 파형에 부정적인 영향을 미칠 수 있다. CMV가 증가하면, 고주파 간섭이 심화되어 전력 변환 시스템의 출력 품질이 저하되고, 장기적으로는 시스템의 신뢰성이 떨어질 수 있다.

또한, 병렬로 연결된 인버터 간의 순환 전류는 시스템의 전압 불일치 또는 스위칭 시퀀스의 차이로 인해 발생한다. 이 순환 전류는 병렬 연결된 각 인버터 모듈 간의 에너지 손실을 초래하며, 이는 시스템의 효율을 저하시킨다. 특히, 순환 전류는 병렬 연결된 모듈 간의 상호작용을 방해하여, 시스템의 전체적인 성능을 제한하게 된다.

이러한 문제들을 해결하기 위해, 최적화된 영상분 전압 주입 기법이 제안되었다. 이 기법은 CMV를 줄이고, 순환 전류를 억제하기 위해 스위칭 시퀀스와 지령 전압을 조정하는 방법이다.

■ 삼각 반송파 조절 방법

삼각 반송파의 조절은 CMV를 줄이기 위한 핵심 기법 중 하나이다. 삼각 반송파의 형태와 위상을 조절함으로써, 인버터의 출력 전압 파형을 보다 정밀하게 제어할 수 있다. 삼각 반송파를 조절하는 주요 방법으로는 Phase Disposition (PD), Phase Opposite

Disposition (POD), Alternative Phase Opposite Disposition (APOD) 기법이 있다.

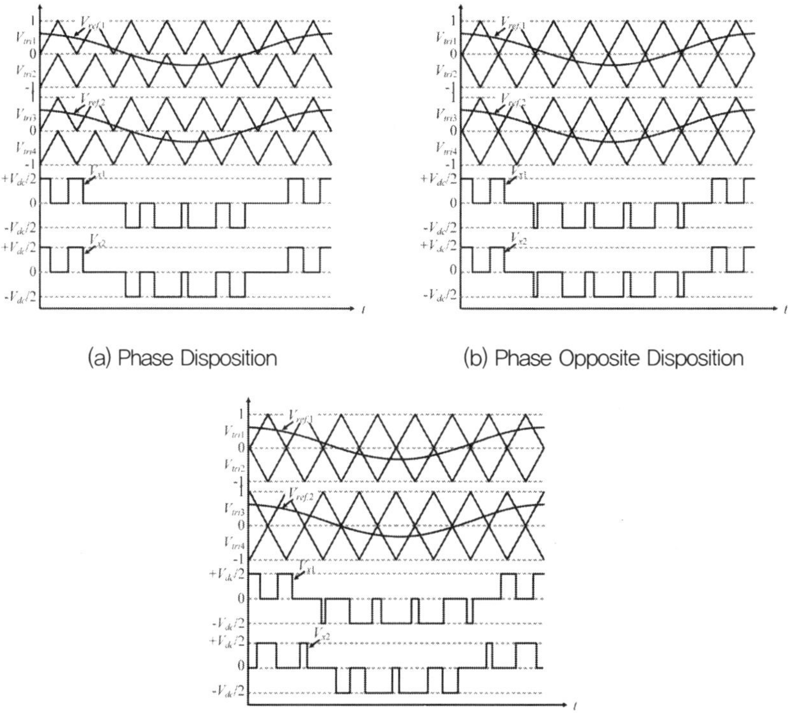

(c) Alternative Phase Opposite Disposition

그림 3.10 삼각 반송파의 조절 방법

PD 기법은 모든 삼각 반송파가 동일한 위상에서 시작하도록 하는 방식으로 [그림 3.10(a)]에 나타나 있다. 이 방식은 비교적 단순한 구조를 가지며, CMV를 줄이는 데는 한계가 있지만, 고조파 왜곡을 줄이는 데 효과적이다. PD 기법은 특히 부하가 균형 잡혀 있을 때 우수한 성능을 발휘하지만, 비대칭 부하에서는 성능이 저하될 수 있다.

[그림 3.10(b)]는 POD 기법으로 두 개의 반송파 중 하나는 원래의 위상에서 시작하고, 나머지 하나는 반대 위상에서 시작하도록 설정하는 방식이다. 이 기법은 CMV를 줄이는 데 보다 효과적이며, 특히 비대칭 부하에서의 성능이 뛰어나다. POD 기법을 적용할 경우, 인버터의 전력 손실이 줄어들며, 시스템의 전반적인 효율이 향상된다.

APOD 기법은 [그림 3.10(c)]와 같이 반송파의 위상을 180°씩 순차적으로 차이를 두어 배치하는 방식이다. APOD 기법은 CMV를 크게 줄일 수 있는 장점이 있으며, 병렬로 연결된 모듈 간의 전압 레벨을 보다 효율적으로 증가시킬 수 있다. 이는 고주파에서의 전자기적 간섭을 줄이고, 시스템의 전반적인 안정성을 향상시킬 수 있는 강력한 방법이다. 특히, APOD 기법은 병렬 연결된 인버터 모듈이 많은 경우에도 높은 신뢰성을 유지할 수 있다.

■ 최적화된 영상분 전압 주입 기법

APOD 기반의 변조 기법에 최적화된 영상분 전압을 주입함으로써 CMV와 순환 전류를 동시에 저감할 수 있다. 최적화된 영상분 전압은 Small 벡터를 이용하여 지령 전압의 오차를 보상하며, 이를 통해 인버터의 출력 전압 품질을 개선할 수 있다. Small 벡터는 전압 불일치를 최소화하고, 순환 전류의 발생을 억제하는 데 중요한 역할을 한다.

인가되는 최적의 영상분 전압은 D_o에 의해 결정되며, D_o는 식 (3.3)을 통해 계산된다.

$$D_o = -\frac{2}{T_T V_{dc}}\{(L_1 - T_T R_1)i_{cir,1} - (L_j - T_T R_j)i_{cir,j}\} + (d_{z,1} - d_{z,j}) \tag{3.3}$$

여기서 L_j와 R_j는 j 번째 인버터의 인덕턴스와 저항을 나타낸다. $d_{z,j}$는 j 번째 인버터에서 Zero 벡터의 듀티비를 나타낸다.

최적화된 영상분 전압 주입 기법은 인버터의 스위칭 시퀀스를 조정하여, CMV를 최소화하고 순환 전류를 줄이는 데 중점을 둔다. 이 방법은 병렬로 연결된 인버터 모듈 간의 전압 불일치를 보정함으로써, 시스템의 전력 변환 효율을 극대화할 수 있다.

스위칭 시퀀스와 순서도는 [그림 3.11]과 [그림 3.12]에 나타나 있으며, 이를 통해 최적화된 영상분 전압 주입 과정이 어떻게 이루어지는지 확인할 수 있다.

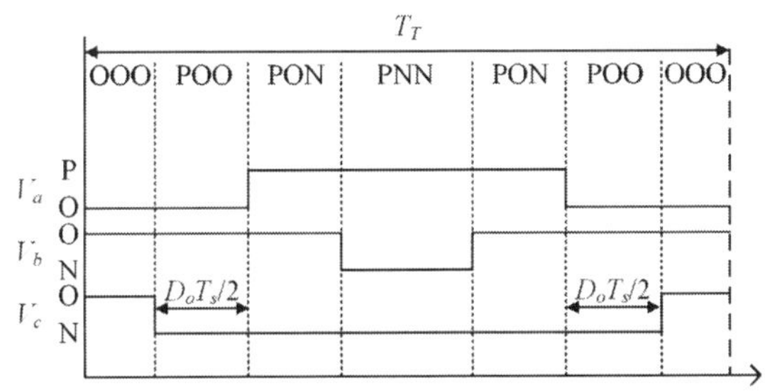

그림 3.11 최적화된 영상분 전압이 주입된 경우의 스위칭 시퀀스

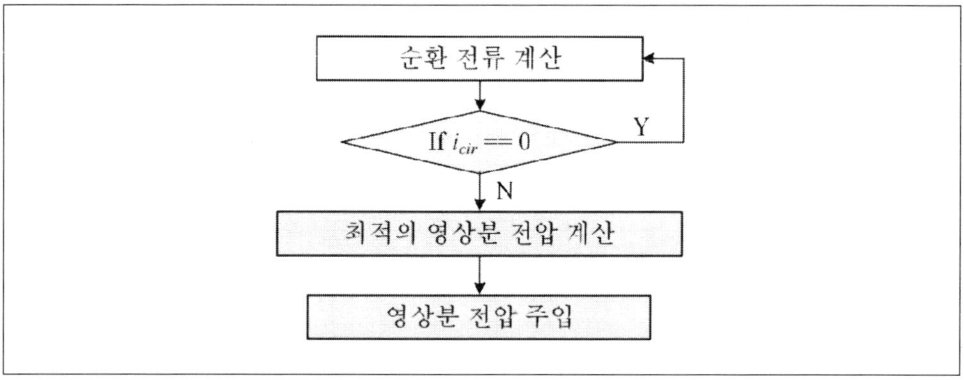

그림 3.12 저주파 순환 전류 저감을 위한 최적화된 영상분 전압 주입의 순서도

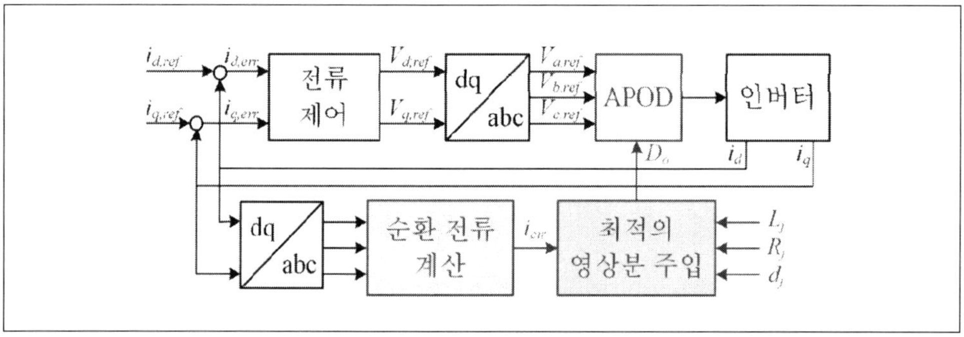

그림 3.13 최적화된 영상분 주입을 이용한 제어 블록도

■ 최적화된 영상분 전압 주입 기법의 성능 분석

최적화된 영상분 전압 주입 기법을 적용한 결과, 저주파 순환 전류가 약 90.4% 저감되었다. 이는 기존의 방법에 비해 매우 우수한 성능을 보여주며, 시스템의 출력 전압 품질을 크게 개선할 수 있음을 나타낸다. [그림 3.14]는 시뮬레이션 결과를 나타내며, 최적화된 영상분 전압 주입 기법이 순환 전류 저감에 미치는 효과를 확인할 수 있다.

최적화된 영상분 전압 주입 기법은 3레벨 인버터의 출력 전압 품질을 개선하고, CMV와 순환 전류를 동시에 저감할 수 있는 효과적인 방법이다. 이 기법은 스위칭 시퀀스를 조정하여 인버터 간의 전압 불일치를 보정하고, 이를 통해 시스템의 신뢰성을 높일 수 있다.

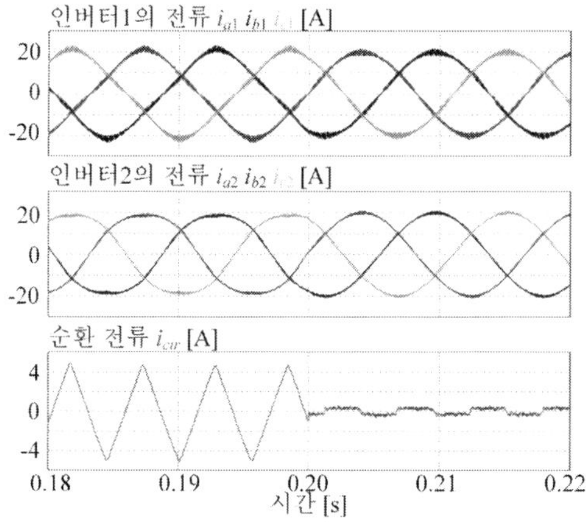

그림 3.14 최적화된 영상분 전압 주입 방식의 순환 전류 저감 시뮬레이션 결과

결론적으로, 최적화된 영상분 전압 주입 기법은 고전압 및 고신뢰성 전력 변환 시스템에 매우 적합하며, 다양한 응용 분야에서 효과적으로 활용될 수 있다. 이 기법을 적용함으로써 인버터 시스템의 전반적인 성능을 최적화하고, 장기적인 안정성을 확보할 수 있다.

3.2.3 삼각 반송파의 위상 가변

병렬로 연결된 인버터 시스템에서 각 인버터의 삼각 반송파가 동기화되지 않으면, 고주파 순환 전류가 발생할 수 있다. 이 고주파 순환 전류는 인버터 간의 전류 경로에 불필요한 전류를 유도하며, 이는 시스템의 전력 효율을 저하시킬 뿐만 아니라, 출력 전압의 품질에도 부정적인 영향을 미칠 수 있다. 특히, 병렬로 연결된 인버터의 수가 많아질수록 이러한 문제가 더욱 두드러지며, 시스템의 전체적인 신뢰성을 저해할 수 있다.

삼각 반송파의 위상 차이는 각 인버터가 독립적으로 동작할 때 발생할 수 있다. 인버터 간의 삼각 반송파 위상이 일치하지 않으면, 각 인버터에서 생성되는 전압 벡터가 동기화되지 않게 되어, 결과적으로 고주파 성분의 순환 전류가 발생하게 된다. 이 고주파 순환 전류는 시스템의 에너지 효율을 감소시키고, 전력 변환 과정에서 불필요한 전력 손실을 유발한다.

특히, 삼각 반송파의 위상 차이는 스위칭 주기 동안 인버터 간에 전압 불일치를 발생시키며, 이는 전류 경로에 불균형을 초래한다. 이러한 불균형은 시스템의 전력 품질을 저하시킬 뿐만 아니라, 장기적으로는 인버터 소자의 열적 스트레스를 증가시켜 시스템의 신뢰성을 낮출 수 있다. 따라서, 삼각파의 위상 차이를 줄이는 것은 고주파 순환 전류를 억제하는 데 매우 중요하다.

▪ 삼각 반송파 위상 가변을 통한 동기화 기법

삼각 반송파의 위상 가변을 통한 동기화 기법은 추가적인 하드웨어 없이 소프트웨어적으로 인버터 간의 삼각 반송파 위상을 동기화하는 방법이다. 이 방법은 각 인버터에서 3상 출력 전류를 실시간으로 모니터링하고, 이를 기반으로 순환 전류를 계산한다. 순환 전류의 크기는 삼각 반송파의 위상 차이에 비례하므로, 이를 통해 각 인버터 간의 삼각파 위상 차이를 추정할 수 있다.

이 기법은 각 인버터의 개별 제어를 통해 구현되며, 각 인버터의 제어기가 실시간으로 삼각 반송파의 위상 차이를 보정하여 동기화를 이루게 된다. [그림 3.16]은 이 과정의 제어 블록도를 나타내고 있으며, 이를 통해 삼각 반송파 위상 가변 기법이 어떻게 순환 전류를 억제하는지 이해할 수 있다.

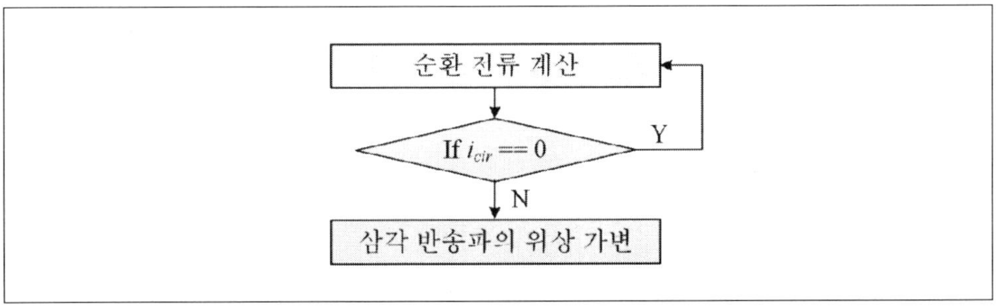

그림 3.15 순환 전류 계산을 통한 삼각 반송파 위상 이동의 순서도

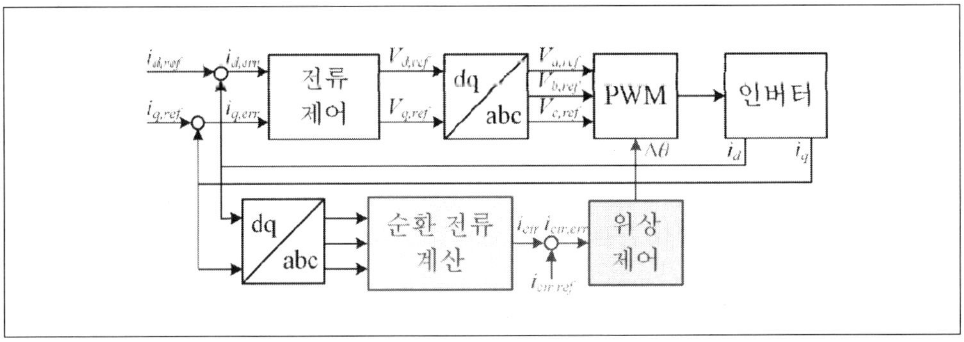

그림 3.16 최적화된 영상분 전압 주입의 제어 블록도

삼각 반송파 위상 가변 기법의 핵심은 각 스위칭 주기마다 삼각 반송파의 위상을 동기화하는 것이다. 삼각 반송파의 위상 차이를 실시간으로 추정하고 이를 기반으로 위상을 조정함으로써, 인버터 간의 스위칭 동작을 동기화할 수 있다. 이 동기화는 고주파 순환 전류의 발생을 억제하고, 인버터 시스템의 전체적인 전력 효율을 개선하는 데 기여한다.

삼각 반송파 위상 조정 방법

삼각 반송파의 위상 차이가 추정된 후, 이는 각 인버터의 삼각 반송파에 반영된다. 이 과정은 [그림 3.17]에서 설명된 바와 같이, 다음 스위칭 주기에 적용된다. 위상 조정은 제어 주기 동안 이루어지며, 이를 통해 각 인버터 간의 삼각 반송파가 실시간으로 동기화된다.

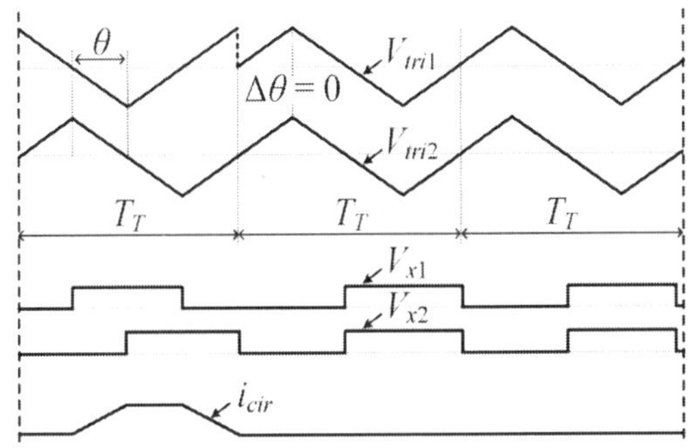

그림 3.17 위상 조정에 따른 순환 전류 저감 과정

이 방법은 디지털 컨트롤러를 사용하여 구현되며, 각 인버터의 제어기는 삼각 반송파의 위상 차이를 계산하여 이를 보정한다. 그러나 디지털 컨트롤러의 개별 클럭이 장기간 동안 동기화 상태를 유지하기는 어렵다. 이로 인해 시간이 지남에 따라 삼각 반송파 간의 위상 차이가 다시 발생할 수 있으며, 이는 고주파 순환 전류의 재발을 초래할 수 있다.

따라서 고주파 순환 전류를 낮은 수준으로 유지하기 위해서는 이 동기화 알고리즘을 제어 주기마다 수행해야 한다. 제어 주기마다 삼각 반송파의 위상 차이를 조정함으로써, 인버터 간의 스위칭 동작을 지속적으로 동기화할 수 있으며, 이를 통해 고주파 순환 전류를 효과적으로 억제할 수 있다.

■ 제어 알고리즘의 구현과 고려사항

삼각 반송파의 위상 가변 기법을 구현하기 위해서는 각 인버터의 제어기에 적절한 제어 알고리즘이 내장되어야 한다. 이 제어 알고리즘은 삼각 반송파의 위상 차이를 실시간으로 계산하고, 이를 보정하여 인버터 간의 동기화를 유지하는 역할을 한다.

삼각 반송파의 위상 차이를 계산하는 과정에서는 순환 전류의 크기를 측정하고, 이를 기반으로 삼각 반송파의 위상 차이를 추정한다. 이 과정은 매우 정밀하게 수행되어야 하며, 삼각 반송파의 위상 차이가 정확하게 추정되지 않을 경우, 동기화를 달성하지 못한다.

또한, 위상 차이를 보정하는 과정에서 제어기의 성능이 중요한 역할을 한다. 제어기는 매우 빠른 속도로 삼각파의 위상 차이를 계산하고, 이를 보정해야 하며, 이 과정에서 제어기의 클럭 주파수가 충분히 높아야 한다. 그렇지 않으면, 제어기의 속도 제한으로 인해 삼각 반송파의 위상 차이를 실시간으로 보정할 수 없다.

이와 같은 제어 알고리즘의 구현은 소프트웨어적으로 이루어지며, 추가적인 하드웨어 없이도 구현할 수 있다는 장점이 있다. 그러나 제어 알고리즘의 복잡성과 실시간 처리 능력에 따라 성능이 달라질 수 있으며, 이를 고려하여 제어기의 성능을 충분히 확보하는 것이 중요하다.

■ 삼각 반송파 위상 가변 기법의 성능 분석

삼각 반송파 위상 가변 기법을 적용한 결과, 고주파 순환 전류가 약 78.3% 저감되는 효과를 얻을 수 있었다. [그림 3.18]은 이 기법을 적용한 시뮬레이션 결과를 나타내며, 고주파 순환 전류가 크게 줄어들었음을 보여준다.

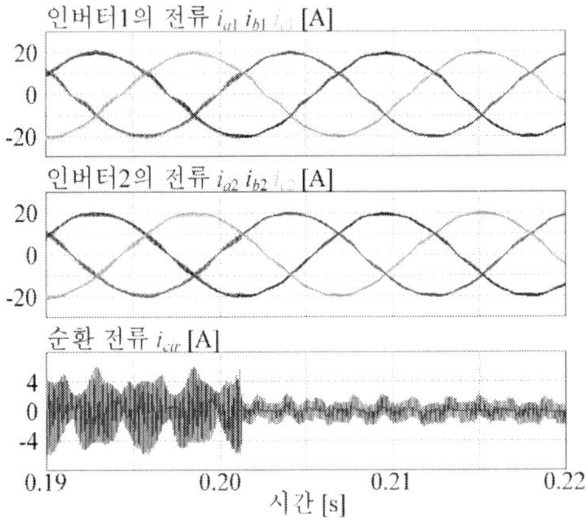

그림 3.18 위상 변이를 통한 고주파 순환 전류 저감 시뮬레이션 결과

고주파 순환 전류의 저감은 시스템의 전력 효율을 향상시키고, 출력 전압의 품질을 개선하는 데 기여한다. 또한, 순환 전류가 줄어들면서 인버터 소자의 열적 스트레스도 감소하므로, 시스템의 신뢰성도 함께 향상될 수 있다.

삼각 반송파의 위상 가변 기법은 병렬로 연결된 인버터 시스템에서 발생할 수 있는 고주파 순환 전류 문제를 효과적으로 해결할 수 있는 방법이다. 이 기법은 추가적인 하드웨어 없이도 소프트웨어적인 제어를 통해 구현될 수 있으며, 시스템의 전력 효율과 신뢰성을 동시에 향상시킬 수 있다.

삼각 반송파의 위상 가변 기법은 특히 다수의 인버터가 병렬로 연결된 시스템에서 매우 유용하다. 이 기법을 통해 인버터 간의 동기화를 유지할 수 있으며, 이를 통해 고주파 순환 전류를 효과적으로 억제할 수 있다. 따라서, 고전력 및 고신뢰성 전력 변환 시스템에서 삼각 반송파의 위상 가변 기법은 중요한 설계 요소로 고려될 수 있다.

3.2.4 삼각 반송파의 주기 가변

병렬 인버터 시스템에서 각 인버터의 PWM 변조는 독립적으로 이루어지며, 이를 위해 각 인버터는 삼각 반송파를 사용한다. 이러한 삼각 반송파는 인버터의 출력 전압을 생성하는 데 사용되며, 각 인버터의 삼각 반송파는 서로 동기화되지 않은 상태로 동작할 수 있다. 이로 인해 병렬로 연결된 인버터 간의 삼각 반송파에 위상 차이가 발생하게 되며, 이 위상 차이는 시간이 지남에 따라 변할 수 있다.

삼각 반송파의 위상 차이는 제어기의 성능 편차에 의해 발생한다. 각 인버터의 제어기는 자체적인 클럭을 기반으로 삼각 반송파를 생성하며, 이 클럭의 미세한 차이가 삼각 반송파 간의 위상 이동을 초래한다. 이러한 위상 이동은 초기에는 작을 수 있지만, 시간이 지남에 따라 점차 증가하거나 반전될 수 있으며, 이는 순환 전류의 발생으로 이어진다.

■ 삼각 반송파 위상 이동의 영향

삼각 반송파 간의 위상 이동은 병렬 인버터 시스템에서 발생하는 주요 문제 중 하나이다. 위상 이동은 각 인버터의 출력 전압 벡터를 동기화하지 못하게 하여, 인버터 간에 순환 전류가 발생하게 된다. 이 순환 전류는 고주파 성분을 포함하며, 시스템의 전력 품질을 저하시킬 뿐만 아니라, 에너지 손실을 유발할 수 있다.

순환 전류의 진폭은 삼각 반송파 간의 위상 차이에 비례하며, 이 관계는 식 (3.3)에 나타난 바와 같다.

$$\Delta i_{cir,\,T_T/2} = -\sum_{x=a,b,c} \frac{(V_{x1} - V_{x2})\,T_T}{L_1 + L_2} = -\frac{3V_{dc}T_{error}}{L_1 + L_2} \tag{3.3}$$

여기서 T_{error}는 위상 이동에 해당하는 시간이다. 식 (3.3)은 삼각 반송파의 위상 차이가 순환 전류의 크기에 미치는 영향을 수학적으로 표현하며, 이를 통해 삼각 반송파 간의 위상 이동을 추정할 수 있다. 순환 전류의 진폭이 증가할수록 삼각파 간의 위상 차이가 크다는 것을 의미하며, 순환 전류의 억제를 위해 삼각파 간의 동기화가 필요하다.

■ 삼각 반송파 주기의 조정

삼각 반송파 간의 위상 이동을 억제하고, 순환 전류를 줄이기 위해 삼각 반송파의 주기를 조정하는 방법이 제안되었다. 삼각 반송파의 주기를 조정함으로써, 인버터 간의 삼각 반송파 위상 차이를 보정하고, 이를 통해 순환 전류를 효과적으로 억제한다.

삼각 반송파의 주기는 식 (3.4)에 따라 조정되며, 이를 통해 새로운 삼각 반송파 주기가 계산된다. 이 과정은 삼각 반송파 간의 위상 차이를 실시간으로 모니터링하고, 이를 기반으로 삼각 반송파의 주기를 조정하는 방식으로 [그림 3.19]와 같다. 새로운 삼각 반송파 주기 T_{new}는 기존 주기와 비교하여 조정되며, 이를 통해 인버터 간의 동기화를 유지하게 된다.

$$T_{new} = T_T + T_{error} = T_T - \Delta i_{cir} \frac{L_1 + L_2}{3V_{dc}} \left| \frac{T_T}{2} \right| \tag{3.4}$$

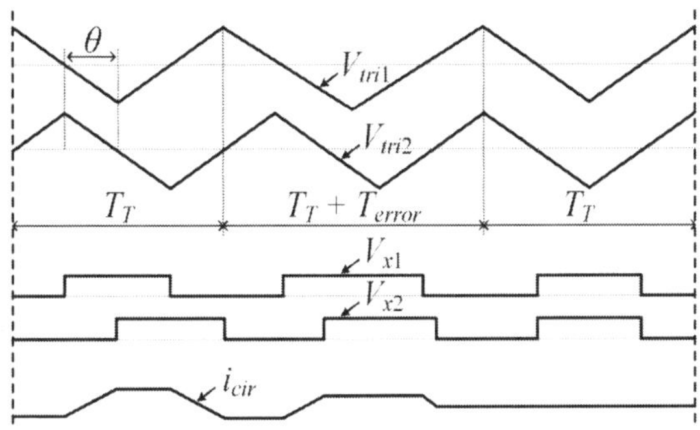

그림 3.19 주기 조정에 따른 순환 전류 저감 과정

[그림 3.20]은 이 과정을 순서도로 나타낸 것이다. 순서도는 삼각 반송파의 위상 차이를 추정하고, 이를 기반으로 삼각 반송파의 주기를 조정하는 과정을 단계별로 설명한다. 이를 통해 각 인버터 간의 삼각 반송파가 실시간으로 동기화되며, 고주파 순환 전류의 발생을 효과적으로 억제한다.

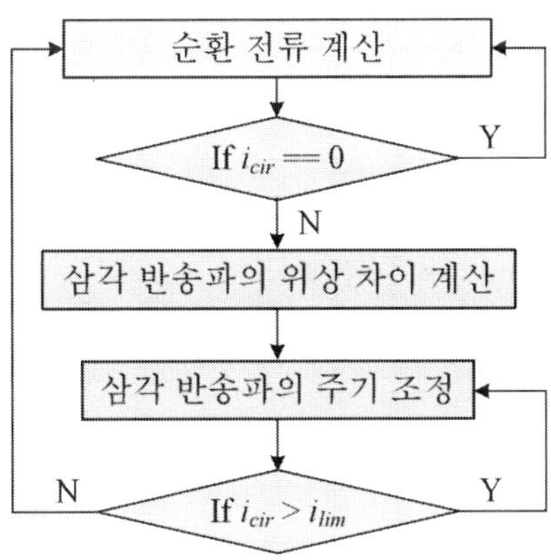

그림 3.20 저주파 순환 전류 저감을 위한 삼각 반송파 주기 가변의 순서도

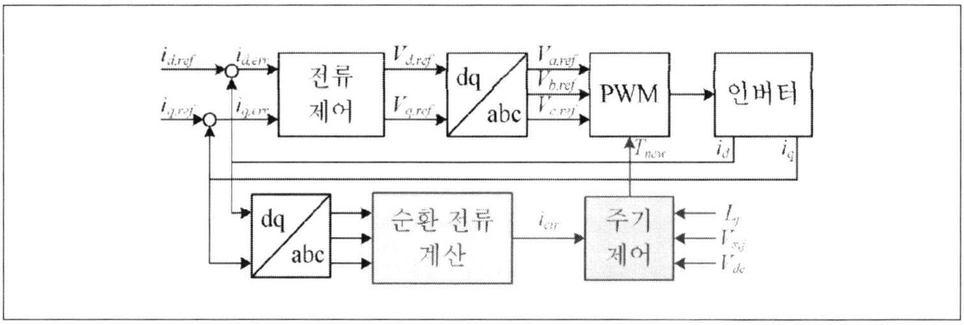

그림 3.21 삼각 반송파의 주기 가변을 이용한 순환 전류 저감 기법의 제어 블록도

제어 사이클과 삼각 반송파 동기화

삼각 반송파의 주기 조정 기법은 제어 사이클을 기반으로 동작한다. 첫 번째 제어 주기에서는 슬레이브 모듈의 캐리어 위상이 크게 변이되어, 순환 전류가 미리 설정된 값에 도달하게 된다. 이때, 순환 전류의 기준값은 샘플링 오류 및 기타 비이상적 요소에 따라 미리 설정된 값이다. 이 값은 시스템에서 허용할 수 있는 순환 전류의 최대치를 나타내며, 이를 초과하지 않도록 제어가 이루어진다.

두 번째 제어 주기에서는 슬레이브 모듈의 캐리어에 조정 사이클이 삽입된다. 이 조정 사이클은 삼각 반송파 간의 위상 차이를 보정하기 위한 과정으로, 새로운 삼각 반송파 주기가 적용된다. 이를 통해 각 인버터 간의 삼각 반송파가 동기화되며, 순환 전류의 크기가 줄어든다.

마지막으로, 세 번째 제어 주기에서 캐리어가 동기화된다. 이 과정에서 고주파 순환 전류는 0A로 감소하며, 시스템의 전력 품질이 크게 향상된다. 주기 제어 방법을 통해 인버터 간의 삼각 반송파를 동기화함으로써, 고주파 순환 전류를 효과적으로 억제할 수 있다.

삼각 반송파의 주기 조정 기법을 적용한 결과, 고주파 순환 전류가 약 82.4% 감소하였다. [그림 3.22]는 이 기법을 적용한 시뮬레이션 결과를 나타내며, 고주파 순환 전류가 크게 저감된 것을 보여준다. 이는 삼각파 주기 조정 기법이 고주파 순환 전류를 효과적으로 억제할 수 있는 방법임을 입증한다.

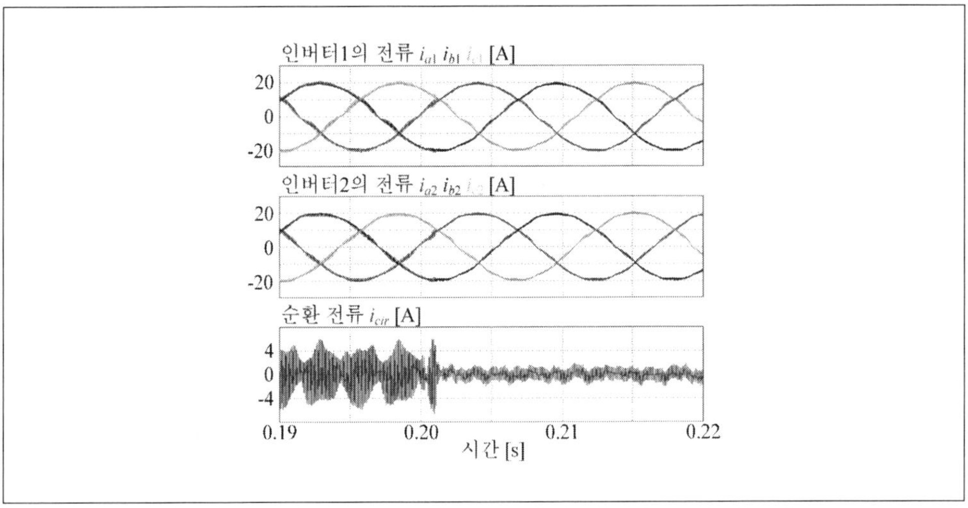

그림 3.22 삼각 반송파의 주기 가변을 통한 고주파 순환 전류 저감 시뮬레이션 결과

고주파 순환 전류의 저감은 시스템의 전력 효율을 향상시키고, 출력 전압의 품질을 개선하는 데 기여한다. 또한, 순환 전류가 줄어들면서 인버터 소자의 열적 스트레스도 감소하므로, 시스템의 신뢰성도 함께 향상될 수 있다. 삼각 반송파의 주기 조정 기법은 특히 고주파에서 발생하는 순환 전류 문제를 해결하는 데 효과적이며, 이를 통해 병렬 인버터 시스템의 전반적인 성능을 최적화할 수 있다.

■ 삼각 반송파 주기 조정 기법의 구현

삼각 반송파의 주기 조정 기법을 구현하기 위해서는 각 인버터의 제어기에 적절한 제어 알고리즘이 내장되어야 한다. 이 알고리즘은 삼각 반송파의 위상 차이를 실시간으로 추정하고, 이를 기반으로 삼각 반송파의 주기를 조정하는 역할을 한다.

삼각 반송파의 위상 차이를 추정하는 과정은 순환 전류의 크기를 측정하고, 이를 기반으로 삼각 반송파의 위상 차이를 계산하는 방식으로 이루어진다. 이 과정은 매우 정밀하게 수행되어야 하며, 삼각 반송파의 위상 차이가 정확하게 추정되지 않을 경우, 동기화에 실패할 수 있다.

제어 알고리즘은 삼각 반송파의 위상 차이를 실시간으로 보정하여, 각 인버터 간의 삼각 반송파를 동기화하는 데 중요한 역할을 한다. 제어기는 삼각 반송파의 주기를 조정하여 인버터 간의 동기화를 유지하며, 이를 통해 고주파 순환 전류를 억제한다.

이와 같은 제어 알고리즘의 구현은 소프트웨어적으로 이루어지며, 추가적인 하드웨어 없이도 구현할 수 있다는 장점이 있다. 그러나 제어 알고리즘의 복잡성과 실시간 처리 능력에 따라 성능이 달라질 수 있으며, 이를 고려하여 제어기의 성능을 충분히 확보하는 것이 중요하다.

삼각 반송파 주기 조정 기법은 병렬 인버터 시스템에서 발생할 수 있는 고주파 순환 전류 문제를 효과적으로 해결하는 방법이다. 이 기법은 삼각 반송파의 주기를 실시간으로 조정함으로써, 인버터 간의 동기화를 유지하고, 이를 통해 순환 전류를 효과적으로 억제할 수 있다.

삼각 반송파의 주기 조정 기법은 특히 고주파에서 발생하는 순환 전류 문제를 해결하는 데 매우 효과적이며, 이를 통해 병렬 인버터 시스템의 전반적인 성능을 최적화할 수 있다. 이 기법은 추가적인 하드웨어 없이도 소프트웨어적인 제어를 통해 구현될 수 있으며, 시스템의 전력 효율과 신뢰성이 동시에 향상된다.

결론적으로, 삼각 반송파의 주기 조정 기법은 고전력 및 고신뢰성 전력 변환 시스템에 매우 적합하며, 다양한 응용 분야에서 효과적으로 활용될 수 있다. 이 기법을 적용함으로써 인버터 시스템의 전반적인 성능을 최적화하고, 장기적인 안정성을 확보할 수 있다.

3.3 변조 기법 기반의 억제 방안

순환 전류를 억제하기 위한 다양한 접근 방식 중에서 변조 기법은 추가적인 하드웨어나 제어기의 설계를 요구하지 않기 때문에 구현이 용이하므로 산업계에서 중요한 역할을 한다. 변조 기법은 인버터의 스위칭 시퀀스를 조절하여 전력 변환 과정에서 발생하는 전압 및 전류의 특성을 개선하고, 결과적으로 순환 전류를 효과적으로 억제할 수 있는 방법을 제공한다. 이 기법은 추가적인 하드웨어를 필요로 하지 않으면서도, 시스템의 전력 품질을 향상시키고 전력 변환 효율을 최적화하는 데 중점을 둔다.

변조 기법의 핵심은 PWM에 의한 스위칭 시퀀스의 조정에 있다. PWM은 인버터의 스위칭 동작을 제어하여 출력 전압의 파형을 결정하며, 시스템의 전체적인 성능에 직접적인 영향을 미친다. 변조 기법을 통해 스위칭 시퀀스를 최적화하면 순환 전류뿐만 아니라 고조파 성분, 전압 리플 등 다양한 전기적 문제를 동시에 해결할 수 있다. 특히, 변조 기법은 고주파에서 발생하는 EMI를 줄이고, 시스템의 전력 변환 과정에서 발생할 수 있는 전력 손실을 최소화하는 데 중요한 역할을 한다.

변조 기법 기반의 억제 방안은 여러 가지 방식으로 적용될 수 있으며, 시스템의 특성에 따라 선택적으로 활용될 수 있다. 이러한 기법들은 각기 다른 원리와 메커니즘을 바탕으로 하며, 다양한 전력 변환 환경에서 유연하게 적용할 수 있다. 예를 들어, 스위칭 시퀀스를 조절하여 인버터 간의 상호 간섭을 줄이고, 전력 변환 과정에서 발생할 수 있는 전력 손실을 최소화할 수 있다. 또한, 인터리빙 기법을 통해 인버터 간의 스위칭 시퀀스를 조정함으로써, 고주파 성분을 억제하고 시스템의 전력 품질을 높일 수 있다.

이와 같은 변조 기법의 장점은, 기존의 하드웨어 기반 방법들과 달리 시스템의 복잡성을 크게 증가시키지 않으면서도 전력 변환 효율을 극대화할 수 있다는 점이다. 변조 기법은 시스템의 추가적인 물리적 요소를 필요로 하지 않기 때문에, 시스템 설계와 운용에 있어서 유연성을 제공하며, 다양한 운영 조건에서 효율적인 전력 변환을 가능하게 한다. 따라서, 변조 기법 기반의 억제 방안은 고성능 전력 변환 시스템에서 필수적으로 고려되어야 하며, 이를 통해 시스템의 전체적인 성능을 최적화할 수 있다.

결론적으로, 변조 기법 기반의 억제 방안은 고성능 전력 변환 시스템에서 필수적으로 고려되어야 하며, 이를 통해 시스템의 전체적인 성능을 최적화할 수 있다. 이 장에서는 다양한 변조 기법 기반의 억제 방안들을 검토하고, 이들 기법이 인버터 시스템에 어떻게 적용될 수 있는지에 대해 논의한다.

3.3.1 공통 모드의 전압 인가를 통한 변조 기법

병렬로 연결된 인버터 시스템에서 각 인버터의 동작이 완벽하게 일치하지 않으면, 그 결과로 순환 전류가 발생할 수 있다. 순환 전류는 각 인버터 간의 전압 불일치로 인해 생기는 전류로, 이는 시스템의 에너지 손실을 유발하고 출력 품질을 저하시킬 수 있다. 순환 전류의 발생 원인 중 하나는 인버터 사이의 데드 타임 차이이다. 데드 타임은 인버터의 스위칭 소자가 전환되는 동안 발생하는 짧은 시간 간격으로, 이 기간 동안 전류가 흐르지 않게 된다. 만약 병렬로 연결된 인버터 간의 데드 타임이 일치하지 않으면, 각 인버터가 생성하는 전압이 미묘하게 달라질 수 있다. 이러한 전압 차이는 결국 순환 전류를 발생시킨다.

또한, 하드웨어의 편차와 종속 제어의 문제도 순환 전류를 발생시키는 요인이다. 하드웨어의 편차는 각 인버터의 전자 부품의 미세한 차이로 인해 발생하는데, 이는 각 인버터가 동일한 조건에서 동일한 전압을 생성하지 못하게 한다. 이로 인해 인버터 간의 전압 불일치가 생기고, 그 결과 순환 전류가 발생하게 된다.

■ 영상분 전압 주입의 원리

영상분 전압은 인버터의 출력 전압에서 공통적으로 나타나는 전압 성분으로, 특히 병렬 인버터 시스템에서 순환 전류의 발생에 중요한 역할을 한다. 식 (3.5)는 영상분 전압을 정의하며, 이를 통해 각 인버터의 출력 전압 간의 불일치를 설명할 수 있다. 만약 각 인버터에 주입되는 영상분 전압에 오차가 발생하면, 그 결과 순환 전류가 생길 수 있다.

$$V_{ZSV,avg} = \frac{V_{ZSV,1} + V_{ZSV,2}}{2} \tag{3.5}$$

예를 들어, 두 개의 병렬 인버터가 동일한 지령 전압을 따르고 있다고 가정하더라도, 하드웨어의 편차나 제어기의 성능 차이로 인해 각 인버터가 실제로 생성하는 전압은 미세하게 달라질 수 있다. 이러한 오차는 식 (3.5)에 의해 계산된 영상분 전압이 각 인버터에 주입될 때 발생하게 되며, 이로 인해 순환 전류가 발생하게 된다.

이러한 문제를 해결하기 위해 수정된 영상분 전압을 주입하는 변조 기법이 제안되었다. 이 기법은 각 인버터의 지령 전압 오차를 줄이기 위해 영상분 전압을 조정하여 순환 전류를 억제하는 방법이다. 기본 원리는 각 인버터의 출력 전압을 비교하여 평균 영상분 전압을 계산하고, 이를 각 인버터에 주입하여 전압 불일치를 보정하는 것이다.

[그림 3.24]는 수정된 영상분 전압 주입 기법을 나타낸다. 이 기법에서는 각 인버터의 평균 영상분 전압을 사용하여 각 인버터가 동일한 전압을 생성하도록 유도한다. 이를 통해 인버터 간의 전압 불일치가 감소하고, 그 결과로 순환 전류가 줄어들게 된다. 수정된 영상분 전압 주입 기법은 간단한 원리로 순환 전류를 효과적으로 억제할 수 있으며, 특히 저주파 순환 전류의 저감에 유용하다.

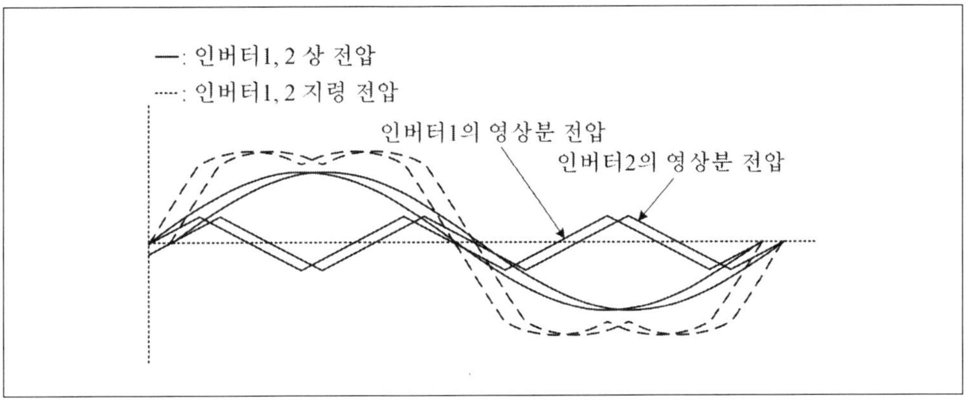

그림 3.23 병렬 인버터에서 각 인버터의 영상분 전압 및 지령 전압

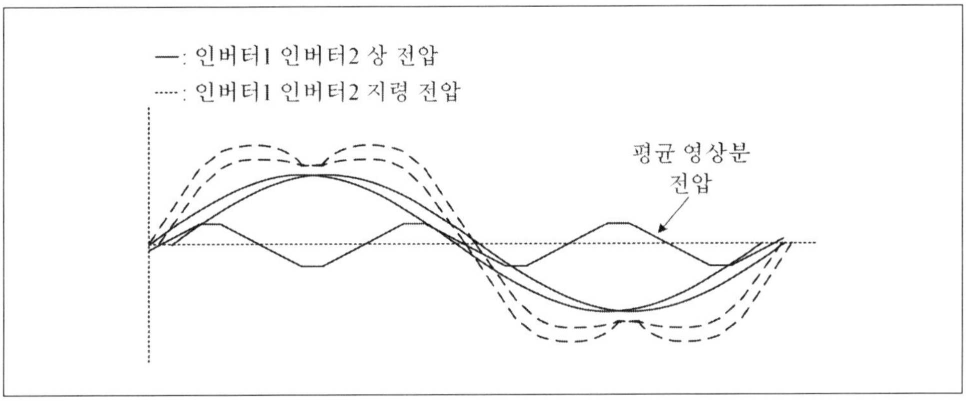

그림 3.24 병렬 인버터에서 평균 영상분 전압 및 지령 전압

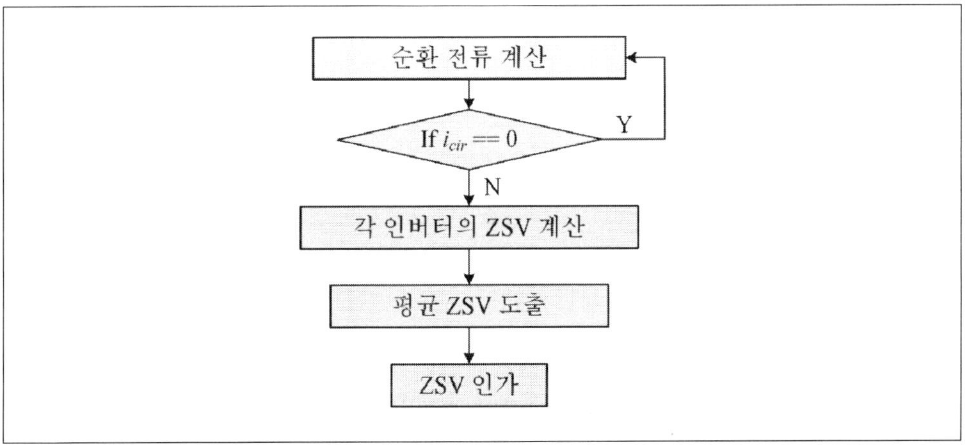

그림 3.25 병렬 인버터에서 평균 영상분 전압의 주입 과정

- **평균 영상분 전압의 적용**

평균 영상분 전압을 사용하여 순환 전류를 억제하는 방법은 순환 전류의 크기를 줄이는 데 효과적이다. 평균 영상분 전압은 모든 병렬 인버터의 출력 전압을 평균화하여 계산되며, 이를 각 인버터에 주입함으로써 전압 불일치를 최소화할 수 있다. 식 (3.5)는 평균 영상분 전압의 계산 방법을 나타내며, 이를 기반으로 각 인버터의 출력 전압이 동기화된다.

이 방법을 적용한 결과, 저주파 순환 전류가 3.93A에서 2.11A로 감소한 것으로 나타났다. [그림 3.26]은 이 기법을 적용한 시뮬레이션 결과를 나타내며, 평균 영상분 전압을 사용하여 순환 전류를 저감하는 데 효과적임을 보여준다. 그러나, 이 기법은 저주파 순환 전류를 줄이는 데는 효과적이지만, 고주파 순환 전류를 억제하는 데는 한계가 있을 수 있다. 따라서, 평균 영상분 전압을 사용하는 기법은 저주파 순환 전류가 주요 문제인 시스템에서 효과적으로 사용될 수 있다.

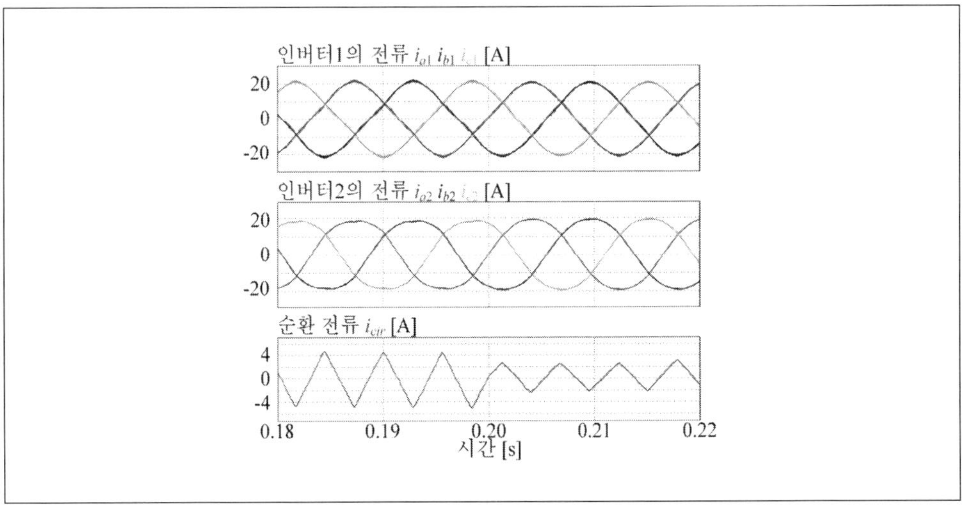

그림 3.26 평균 전압 기반의 저주파 순환 전류 저감 시뮬레이션 결과

평균 영상분 전압을 사용한 방법은 순환 전류를 억제하긴 하지만 약 46%의 저감률을 가져 성능이 미흡하여 여전히 순환 전류가 존재하고 있으며, 이는 시스템의 전력 효율을 저하시킬 수 있다.

또한, 이 방법은 저주파 순환 전류의 저감에는 효과적이지만, 고주파 순환 전류를 억제하는 데는 한계가 있다. 고주파 순환 전류는 인버터 간의 전자기적 간섭을 증가시킬 수 있으며, 시스템의 신뢰성을 저하시킬 수 있다. 따라서, 고주파 순환 전류를 억제하기 위해서는 추가적인 제어 방법이나 하드웨어적 보강이 필요할 수 있다.

이러한 한계는 수정된 영상분 전압 주입 기법이 고전력 시스템이나 고주파 간섭이 중요한 문제인 응용 분야에서 사용될 때 고려되어야 한다. 따라서, 이 기법을 적용할 때는 시스템의 특성과 요구 사항에 따라 추가적인 보완책을 마련하는 것이 필요하다.

공통 모드 전압 주입 기법은 병렬 인버터 시스템에서 발생하는 순환 전류를 억제하는 데 효과적인 방법이다. 이 기법은 각 인버터의 출력 전압을 조정하여 전압 불일치를 줄이고, 이를 통해 순환 전류를 저감할 수 있다. 특히, 저주파 순환 전류의 저감에 유용하며, 이를 통해 시스템의 전력 효율을 향상시킬 수 있다.

그러나, 이 기법은 고주파 순환 전류를 억제하는 데는 한계가 있을 수 있으며, 이를 해결하기 위해 추가적인 제어 방법이나 하드웨어적 보강이 필요할 수 있다. 따라서, 공통 모드 전압 주입 기법을 적용할 때는 시스템의 특성과 요구 사항을 고려하여 적절한 보완책을 마련하는 것이 중요하다.

결론적으로, 공통 모드 전압 주입 기법은 저주파 순환 전류가 주요 문제인 시스템에서 효과적으로 활용될 수 있으며, 이를 통해 병렬 인버터 시스템의 전반적인 성능을 최적화할 수 있다. 이 기법을 적절히 적용함으로써, 전력 변환 시스템의 신뢰성과 안정성을 향상시킬 수 있다.

3.3.2 영상분 전압 가변을 통한 변조 기법

병렬 인버터 시스템에서 발생하는 순환 전류는 시스템의 성능과 신뢰성에 부정적인 영향을 미칠 수 있다. 순환 전류는 각 인버터의 출력 전압 간의 불일치로 인해 발생하며, 이는 주로 인버터 간의 하드웨어 편차, 제어기의 미세한 차이, 데드 타임 차이 등으로 인해 발생한다. 이러한 순환 전류를 억제하기 위해서는 각 인버터 간의 출력 전압을 일치시키는 것이 중요하며, 이를 위해 영상분 전압을 주입하는 방법이 널리 사용된다.

기존의 평균 영상분 전압을 사용하는 방법은 모든 병렬 인버터의 출력 전압을 평균화하여 계산된 영상분 전압을 각 인버터에 주입함으로써, 인버터 간의 전압 불일치를 줄이는 방식이다. 이 방법은 저주파 순환 전류를 줄이는 데 효과적이지만, 고주파 순환 전류를 억제하는 데는 한계가 있다. 이러한 한계는 특히 고주파 성분이 중요한 전력 변환 시스템에서 문제를 일으킬 수 있으며, 보다 정밀한 영상분 전압 계산 방법이 필요하다.

■ 계통 전압 기반의 영상분 전압 가변 기법

기존의 평균 영상분 전압 기법의 한계를 보완하기 위해 계통 전압 기반의 영상분 전압 가변 기법이 제안되었다. 이 방법은 각 인버터에 동일한 평균 전압을 주입하는 대신, 계통 전압을 기반으로 보다 정밀하게 계산된 영상분 전압을 각 인버터에 주입하는 방식이다. 계통 전압은 인버터 시스템이 연결된 전력 계통의 전압을 의미하며, 이를 기반으로 영상분 전압을 계산함으로써 보다 정확한 전압 제어가 가능해진다.

계통 전압 기반의 영상분 전압 가변 기법은 각 인버터에 주입되는 전압이 계통 전압과 일치하도록 조정된다. 이를 통해 인버터 간의 전압 불일치를 최소화하고, 그 결과 순환 전류를 효과적으로 억제할 수 있다. 특히, 이 방법은 고주파 성분의 순환 전류를 줄이는 데 있어서 기존의 평균 전압 기반 방법보다 더 나은 성능을 제공한다.

계통 전압을 기반으로 영상분 전압을 계산하는 과정은 다음과 같다. 먼저, 계통 전압을 실시간으로 측정하고, 이를 기반으로 각 인버터의 출력 전압을 보정할 영상분 전압을 계산한다. 계산된 영상분 전압은 각 인버터에 동일하게 주입되며, 이를 통해 각 인버터의 출력 전압이 계통 전압과 동기화되도록 한다.

계통 전압 기반 영상분 전압의 주입은 식 (3.6)에 의해 계산되며, 이는 각 인버터의 출력 전압과 계통 전압 간의 차이를 최소화하는 방향으로 조정된다.

$$V_{ZSV,grid} = \frac{\max(e_{as}, e_{bs}, e_{cs}) + \min(e_{as}, e_{bs}, e_{cs})}{2} \tag{3.6}$$

여기서 e_{abcs}는 계통 전압이다. 이 과정에서 계통 전압의 변동을 실시간으로 추적하여, 영상분 전압이 동적으로 조정될 수 있도록 한다. [그림 3.27]은 지령 전압이 영상분 전압에 따라 어떻게 변하는지를 시각적으로 나타내며, 이를 통해 계통 전압 기반 영상분 전압 가변 기법의 동작 원리를 이해할 수 있다.

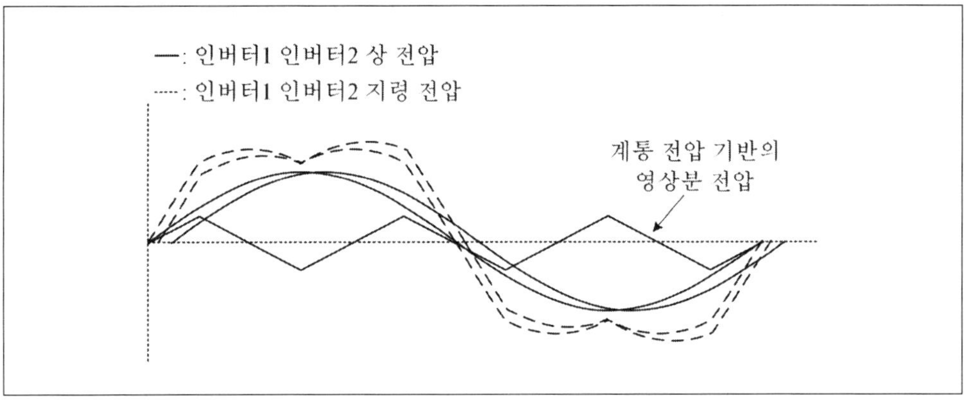

그림 3.27 병렬 인버터에서 계통 전압 기반의 영상분 전압 및 지령 전압

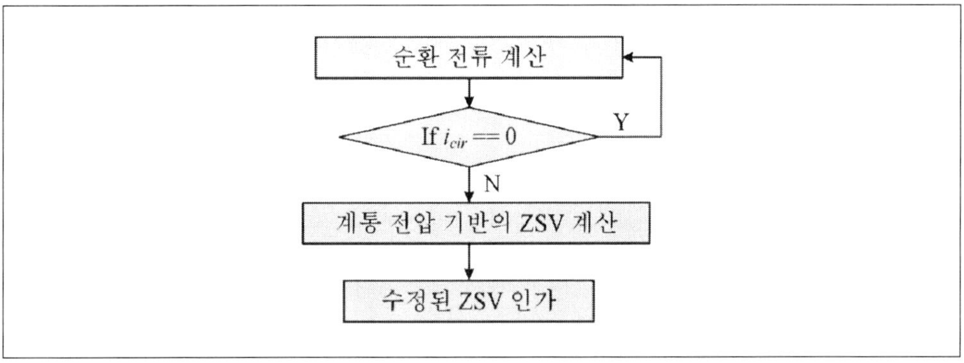

그림 3.28 저주파 순환 전류 저감을 위한 영상분 전압 가변의 순서도

계통 전압 기반의 영상분 전압 가변 기법의 전체적인 과정은 [그림 3.28]의 순서도로 설명할 수 있다. 이 순서도는 각 단계별로 영상분 전압이 어떻게 계산되고, 주입되는지를 보여준다.

계통 전압 측정: 첫 번째 단계는 인버터 시스템이 연결된 계통의 전압을 측정하는 것이다. 이는 시스템의 전반적인 전압 상태를 파악하는 데 필수적이다.

영상분 전압 계산: 측정된 계통 전압을 기반으로 각 인버터에 주입할 영상분 전압을 계산한다. 이 계산은 식 (3.6)에 따라 수행되며, 각 인버터의 출력 전압이 계통 전압과 일치하도록 조정된다.

영상분 전압 주입: 계산된 영상분 전압을 각 인버터에 주입한다. 이 과정에서 모든 인버터는 동일한 영상분 전압을 받게 되며, 이를 통해 인버터 간의 전압 불일치를 줄인다.

순환 전류 모니터링: 주입된 영상분 전압의 효과를 모니터링하며, 순환 전류가 감소하는지를 확인한다. 필요에 따라 영상분 전압을 조정하여 최적의 순환 전류 억제 성능을 유지한다.

이러한 단계들은 순환 전류를 효과적으로 억제하기 위한 프로세스로, 계통 전압 기반의 영상분 전압 가변 기법이 어떻게 작동하는지를 명확히 설명한다.

■ 시뮬레이션 결과 분석

계통 전압 기반의 영상분 전압 가변 기법의 성능은 [그림 3.29]에 나타난 시뮬레이션 결과를 통해 검증되었다. 이 시뮬레이션에서는 기존의 평균 전압 기반 순환 전류 저감 기법과 계통 전압 기반 기법을 비교하였으며, 그 결과 계통 전압 기반 기법이 약 43% 더 나은 성능을 보였다.

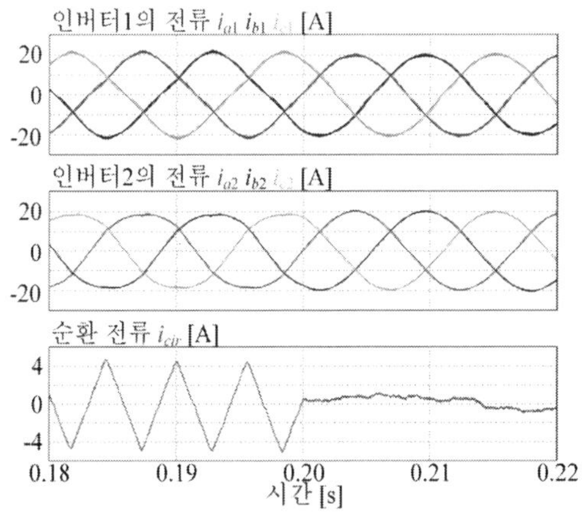

그림 3.29 계통 전압 기반의 저주파 순환 전류 저감 시뮬레이션 결과

시뮬레이션 결과는 계통 전압 기반의 영상분 전압 가변 기법이 평균 전압 기반 기법에 비해 훨씬 더 정밀한 전압 제어를 가능하게 하며, 이를 통해 순환 전류를 보다 효과적으로 억제할 수 있음을 보여준다.

계통 전압 기반의 영상분 전압 가변 기법은 기존의 평균 전압 기반 기법에 비해 우수한 성능을 제공하지만, 여전히 개선의 여지가 있다. 예를 들어, 이 기법은 계통 전압의 실시간 변동에 따라 영상분 전압을 조정해야 하므로, 제어 시스템의 응답 속도와 정밀도가 매우 중요하다. 만약 제어 시스템이 계통 전압의 변동에 충분히 빠르게 반응하지 못한다면, 순환 전류 억제 성능이 저하될 수 있다.

또한, 계통 전압의 품질이 낮거나 변동이 심한 경우, 영상분 전압의 계산이 복잡해질 수 있으며, 이는 시스템의 안정성에 영향을 미칠 수 있다. 따라서, 계통 전압 기반 기법을 적용할 때는 이러한 잠재적인 문제를 고려하여 시스템 설계를 최적화하는 것이 필요하다.

3.3.3 이중 전압 지령 기반의 변조 기법

병렬로 연결된 인버터 시스템에서 인터리빙(interleaving) 방식은 전력 변환의 효율을 높이고, 시스템의 전류 리플을 줄이기 위한 중요한 방법이다. 특히, 3개 이상의 인버터가 병렬로 연결된 경우에는 필터 인덕턴스를 줄이고, 전력의 활용을 극대화하기 위해 인터리빙 방식을 자주 사용한다. 이 방식은 각 인버터의 스위칭 시점을 고르게 분산시켜, 전체 시스템에서 발생하는 전류 리플을 최소화하는 데 효과적이다.

그러나 인터리빙 방식은 각 인버터 간에 일정한 위상 차이를 가지게 되며, 이로 인해 공통 모드 전압(Common Mode Voltage, CMV) 차이가 발생한다. CMV 차이는 병렬로 연결된 인버터 간에 순환 전류를 발생시키는 주요 원인 중 하나로, 이 순환 전류는 시스템의 효율성을 저하시킬 뿐만 아니라, 출력 전압의 품질에도 부정적인 영향을 미칠 수 있다.

■ 이중 전압 지령 기반 변조 기법의 도입

인터리빙 방식으로 인해 발생하는 순환 전류를 억제하기 위한 방법으로 이중 전압 지령 기반 변조 기법이 제안되었다. 이 기법은 각 인버터의 지령 전압을 두 개의 독립적인 신호로 분리하여 처리함으로써, CMV 차이를 줄이고 순환 전류를 억제하는 방식이다.

이중 전압 지령 기반 변조 기법(Double Reference PWM, DRPWM)은 [그림 3.30]과 같이 지령 전압이 영점에 교차하는 구간에서 상부와 하부에 중첩된 두 개의 지령 전압을 생성한다. 이러한 두 개의 지령 전압은 각각 상부와 하부에서 발생하는 전압 불일치를 보정하는 데 사용된다.

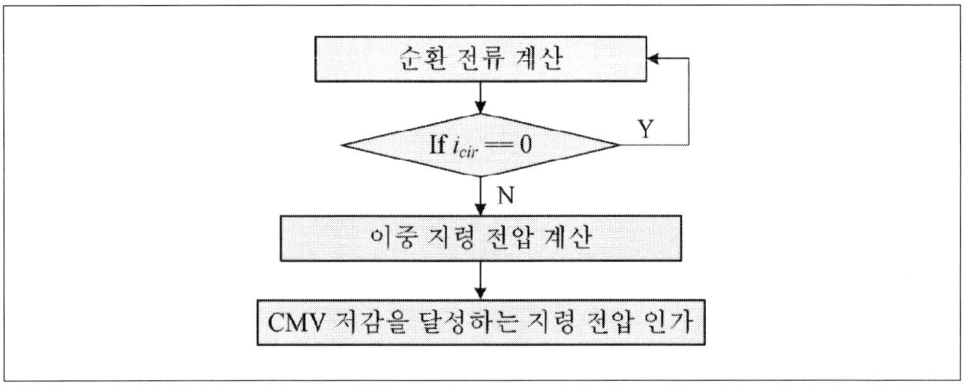

그림 3.30 저주파 순환 전류 저감을 위한 영상분 전압 가변의 순서도

이 기법에서 상부 지령 전압 $V_{x,j,ref,top}$은 기본적으로 SPWM 기반의 지령 전압과 각 상의 지령 전압 중 최소값을 사용하여 계산된다. 이는 식 (3.7)에 의해 계산되며, 상부에서 발생할 수 있는 전압 불일치를 보정하는 역할을 한다. 반면, 하부 지령 전압 $V_{x,j,ref,bot}$은 SPWM 기반의 지령 전압과 각 상의 지령 전압 중 최대값을 사용하여 계산된다. 이는 식 (3.8)에 의해 계산되며, 하부에서 발생할 수 있는 전압 불일치를 보정하는 역할을 한다.

$$V_{x,j,ref,top} = \frac{V_{x,j,ref} - \min\left(V_{a,j,ref}, V_{b,j,ref}, V_{c,j,ref}\right)}{2} \tag{3.7}$$

$$V_{x,j,ref,bot} = \frac{V_{x,j,ref} - \max\left(V_{a,j,ref}, V_{b,j,ref}, V_{c,j,ref}\right)}{2} \tag{3.8}$$

이중 전압 지령 기법은 각 인버터가 서로 다른 두 개의 지령 전압을 기반으로 스위칭 동작을 수행하도록 한다. 이를 통해 인버터 간의 CMV 차이가 줄어들고, 그 결과 순환 전류가 억제된다.

기본적인 동작 원리는 각 인버터에 주입되는 두 개의 지령 전압이 서로 보완적인 역할을 하도록 설계되는 것이다. 상부 지령 전압은 SPWM 신호와 최소값을 비교하여 상부 스위칭 소자의 동작을 제어하고, 하부 지령 전압은 SPWM 신호와 최대값을 비교하여 하부 스위칭 소자의 동작을 제어한다. 이로 인해, 각 인버터의 출력 전압이 보다 일정하게 유지될 수 있으며, CMV 차이로 인해 발생하는 순환 전류가 감소하게 된다.

[그림 3.31]은 DRPWM과 기존의 SVPWM 기법을 비교한 결과를 나타낸다. SVPWM

기법에서는 CMV 차이가 크게 변동하여 순환 전류가 발생하는 반면, DRPWM 기법을 적용한 경우에는 CMV 변동이 크게 감소하여 순환 전류가 억제된다.

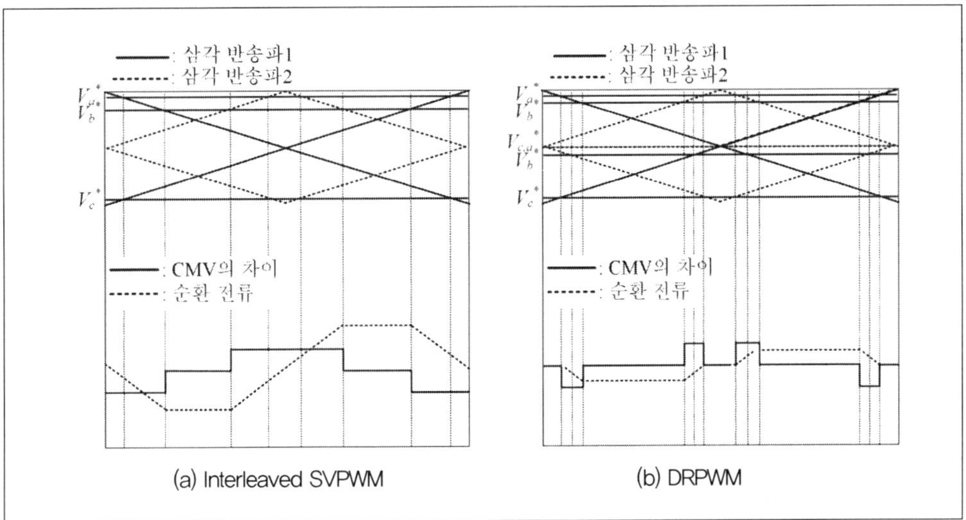

그림 3.31 공통 모드 전압의 차이 및 순환 전류의 발생 과정

DRPWM 기법은 고주파 성분의 순환 전류를 억제하는 데 매우 효과적이다. 이는 특히 높은 전압 변조 지수(MI = 0.60 ~ 1.15) 구간에서 두드러진다. DRPWM 기법은 이러한 구간에서 고주파 순환 전류를 크게 줄여, 전력 변환 시스템의 효율을 향상시킬 수 있다.

또한, DRPWM 기법은 전도 손실을 감소시켜 시스템의 전력 손실을 줄이는 데 기여한다. 전도 손실은 인버터의 스위칭 소자가 전류를 전도할 때 발생하는 손실로, 이를 줄임으로써 시스템의 전체 효율이 향상된다. DRPWM 기법을 통해 전도 손실이 줄어들면, 시스템의 에너지 효율이 더욱 높아질 수 있다.

그러나 DRPWM 기법에는 몇 가지 단점도 존재한다. 우선, 출력 전류의 THD가 상대적으로 증가할 수 있다. 이는 DRPWM 기법이 두 개의 지령 전압을 생성하고, 이를 기반으로 스위칭을 수행하기 때문에 발생하는 문제로, 출력 전류의 품질이 다소 저하될 수 있다. 특히, 높은 전압 변조 지수 구간에서 이러한 THD 증가가 더욱 두드러질 수 있다.

또한, DRPWM 기법을 적용하면 스위칭 횟수가 증가하게 되며, 이로 인해 스위칭 손실이 증가할 수 있다. 스위칭 손실은 인버터의 스위칭 소자가 전환되는 과정에서 발생하는 손실로, 스위칭 횟수가 많아질수록 이러한 손실이 누적되게 된다. 이는 시스템의 장기적인 신뢰성에 부정적인 영향을 미칠 수 있으며, 스위칭 소자의 열적 스트레스를 증가시킬 수 있다.

■ 시뮬레이션 결과 분석

DRPWM 기법의 성능은 [그림 3.32]에 나타난 시뮬레이션 결과를 통해 검증되었다. 이 시뮬레이션에서는 SVPWM 기법과 DRPWM 기법을 비교하였으며, 그 결과 DRPWM 기법을 적용했을 때 순환 전류가 감소하는 것을 확인할 수 있었다. SVPWM 기법을 적용한 경우 순환 전류가 1.62A였으나, DRPWM 기법을 적용한 경우 순환 전류가 0.81A로 감소하였다.

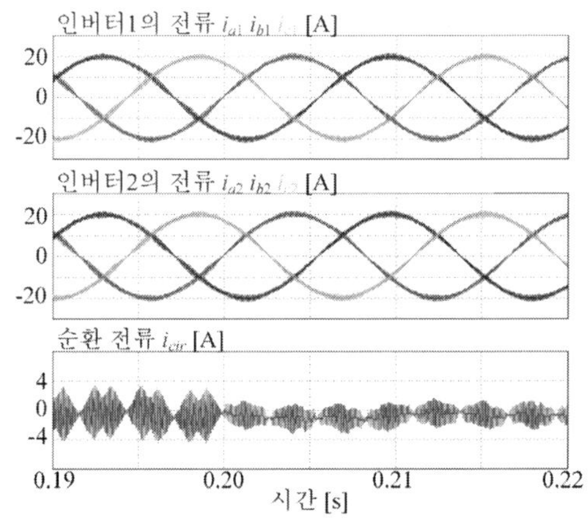

그림 3.32 이중 지령 전압 기반의 고주파 순환 전류 저감 시뮬레이션 결과

이 시뮬레이션 결과는 DRPWM 기법이 고주파 순환 전류를 억제하는 데 매우 효과적임을 입증한다. 특히, 높은 전압 변조 지수 구간에서 DRPWM 기법을 사용함으로써 순환 전류를 크게 줄일 수 있으며, 이는 전력 변환 시스템의 효율과 신뢰성을 향상시키는 데 기여한다.

이 기법은 고주파 순환 전류를 효과적으로 억제하여 시스템의 전력 효율을 높이고, 전도 손실을 줄임으로써 에너지 손실을 최소화할 수 있다. 그러나 DRPWM 기법을 적용할 때는 출력 전류의 THD 증가와 스위칭 손실 증가를 고려해야 한다. 이러한 단점은 특정 응용에서 문제가 될 수 있으므로, DRPWM 기법을 사용할 때는 시스템의 요구 사항과 제약 조건을 충분히 고려하는 것이 중요하다.

결론적으로, DRPWM 기법은 고전압 및 고효율 전력 변환 시스템에 적합하며, 특히 높은 전압 변조 지수 구간에서 순환 전류 문제를 해결하는 데 매우 효과적이다. 이 기법을 적절히 활용함으로써 병렬 인버터 시스템의 전반적인 성능을 최적화하고, 시스템의 신뢰성을 높일 수 있다.

3.3.4 인터리빙 기반의 불연속 변조 기법

병렬 인버터 시스템에서는 각 인버터의 스위칭 타이밍을 조절하여 전체 전력 변환 시스템의 효율을 높이는 인터리빙 기법이 자주 사용된다. 인터리빙 기법은 각 인버터가 동일한 전류 리플을 발생시키지 않도록 스위칭 시점을 분산시키며, 이를 통해 전체 시스템에서의 전류 리플을 최소화할 수 있다. 그러나 이 방식은 각 인버터 간의 위상 차이를 발생시키며, 이로 인해 CMV의 차이가 발생하게 된다.

이러한 CMV 차이는 병렬 인버터 시스템에서 순환 전류를 발생시키는 주요 원인이 된다. 순환 전류는 인버터 간의 전압 불일치로 인해 발생하는 전류로, 시스템의 에너지 효율을 떨어뜨리고 전력 손실을 증가시키는 문제를 초래할 수 있다. 특히, 인터리빙 기법을 적용한 시스템에서는 CMV 차이가 누적되면서 순환 전류가 더욱 증가할 수 있다.

■ DPWM 기법의 도입 및 개선된 인터리빙 기반의 불연속 변조 기법

인터리빙 기법을 적용한 병렬 인버터 시스템에서 전력 손실을 줄이기 위한 방법으로 Discontinuous PWM (DPWM) 기법이 제안되었다. DPWM 기법은 각 스위칭 주기에서 일부 스위칭 동작을 생략함으로써 스위칭 손실을 줄이는 방식이다. 이 방법은 스위칭 손실을 줄이기 위한 효과적인 수단이지만, CMV 차이를 줄이지 못하고 오히려 순환 전류를 증가시킬 수 있는 단점이 있다.

[그림 3.33]에 나타난 것처럼, DPWM 기법을 적용할 경우 CMV 차이가 축적되어 순환 전류가 증가하는 문제가 발생한다. 이로 인해 시스템의 전력 효율이 저하되고, 출력 전류의 품질이 악화될 수 있다.

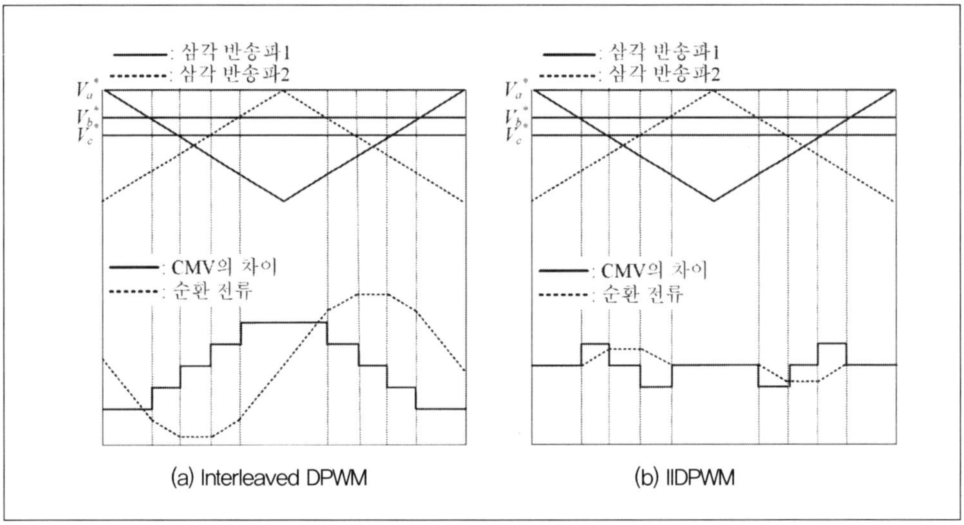

그림 3.33 공통 모드 전압의 차이 및 순환 전 류의 발생 과정

이러한 문제를 해결하기 위해 개선된 인터리빙 기반의 불연속 변조 기법이 제안되었다. 이 기법은 기존의 DPWM 기법에서 발생하는 CMV 차이와 순환 전류 문제를 보완하기 위해 개발된 방법으로, 각 인버터의 스위칭 동작을 보다 정교하게 제어하는 방식이다.

개선된 불연속 변조 기법에서는 각 인버터의 지령 전압과 비교되는 삼각 반송파가 전압 주기 동안 불연속적으로 변화된다. 구체적으로, 인버터 1의 삼각 반송파는 불연속 구간에 따라 180°의 위상차를 갖는 두 개의 삼각 반송파1과 삼각 반송파2로 계속 변동하며, 인버터 2의 삼각 반송파도 동일한 방식으로 변동된다. 이러한 변동은 각 구간에서의 CMV 차이를 줄이고, 그 결과 순환 전류를 현저히 저감시키는 역할을 한다.

Interleaved Discontinuous PWM (IIDPWM) 기법은 위에서 설명한 인터리빙 기반의 불연속 변조 기법의 핵심적인 요소로, 인버터의 지령 전압과 가장 가까운 세 개의 전압 벡터만을 선택하는 방식이다. 이를 순서도로 나타내면 [그림 3.34]와 같다. 이러한 방식은 전압 벡터의 선택을 최소화하여 스위칭 동작을 간소화하며, 이를 통해 전력 손실을 줄이는 동시에 CMV 차이를 줄이는 데 기여한다.

IIDPWM 기법의 주요 장점은 출력 전류의 THD을 개선하는 데 있다. THD는 출력 전류에 포함된 고조파 성분의 비율을 나타내며, 이는 전력 변환 시스템의 전력 품질에 직접적인 영향을 미친다. IIDPWM 기법은 전압 벡터의 선택을 최적화하여 THD를 감소시키며, 이를 통해 전력 변환 시스템의 출력 품질을 향상시킬 수 있다.

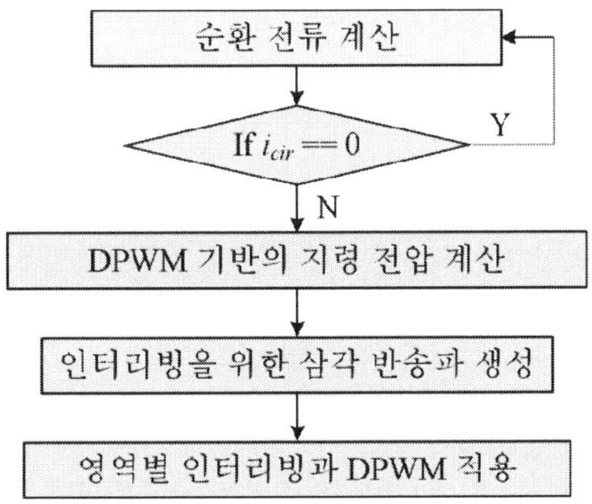

그림 3.34 저주파 순환 전류 저감을 위한 인터리빙 기반의 불연속 변조의 순서도

IIDPWM 기법의 성능 분석

IIDPWM 기법을 적용한 결과, 고주파 순환 전류가 크게 감소하는 것으로 나타났다. [그림 3.35]에 나타난 시뮬레이션 결과에 따르면, IIDPWM 기법을 적용한 경우 고주파 순환 전류가 기존 1.62A에서 1.21A로 약 25% 감소하였다. 이러한 결과는 IIDPWM 기법이 고주파 성분의 순환 전류를 효과적으로 억제할 수 있음을 보여준다.

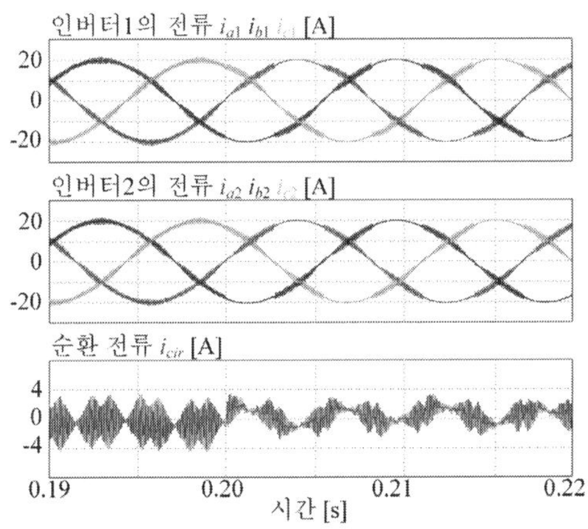

그림 3.35 인터리빙 불연속 변조 기반의 고주파 순환 전류 저감 시뮬레이션 결과

이처럼 고주파 순환 전류의 저감은 전력 변환 시스템의 전력 효율을 높이는 데 중요한 역할을 한다. 순환 전류가 감소하면, 인버터 소자의 전력 손실이 줄어들고, 전력 변환 과정에서 발생하는 열적 스트레스도 감소하게 된다. 이는 시스템의 장기적인 신뢰성과 안정성을 확보하는 데 기여할 수 있다.

IIDPWM 기법은 병렬 인버터 시스템에서 발생할 수 있는 순환 전류 문제를 해결하는 데 매우 효과적인 도구이다. 이 기법은 CMV 차이를 줄이고, 고주파 성분의 순환 전류를 효과적으로 억제하여 시스템의 전력 효율을 높일 수 있다. 또한, THD를 개선하여 출력 전류의 품질을 향상시키는 데 기여한다.

그러나 IIDPWM 기법은 몇 가지 한계를 가지고 있다. 첫째, 이 기법은 특정한 구간에서만 효과적일 수 있으며, MI가 낮거나 높은 구간에서는 성능이 저하될 수 있다. 둘째, IIDPWM 기법은 스위칭 동작이 불연속적으로 이루어지기 때문에, 스위칭 소자의 열적 스트레스를 증가시킬 수 있으며, 이는 시스템의 신뢰성에 부정적인 영향을 미칠 수 있다.

따라서, IIDPWM 기법을 적용할 때는 시스템의 특성과 요구 사항을 충분히 고려하여야 하며, 필요에 따라 다른 제어 기법과 병행하여 사용하는 것이 좋다.

IIDPWM 기법은 병렬 인버터 시스템에서 발생하는 순환 전류 문제를 효과적으로 해결할 수 있는 방법으로, 특히 고주파 성분의 순환 전류를 억제하는 데 매우 유용하다. 이 기법을 통해 시스템의 전력 효율을 높이고, 출력 전류의 품질을 개선할 수 있다.

결론적으로, IIDPWM 기법은 고전력 및 고신뢰성 전력 변환 시스템에 적합하며, 다양한 응용 분야에서 효과적으로 활용될 수 있다. 이 기법을 통해 병렬 인버터 시스템의 전반적인 성능을 최적화하고, 장기적인 안정성을 확보할 수 있다.

3.4 억제 기법별 특성 분석

순환 전류는 PWM 시퀀스의 오류, 지령 전압의 불일치, 삼각파의 위상 차이 등 다양한 원인에 의해 발생하며, 이로 인해 인버터의 출력 품질이 저하될 수 있다. 발생된 순환 전류는 그 원인에 따라 주파수가 다르며, 이는 시스템 전체의 성능에 중대한 영향을 미칠 수 있다.

고주파 순환 전류는 주로 각 인버터의 삼각파 위상 차이로 인해 발생하며, 이러한 고주파 전류는 전력 변환 시스템에서 발생하는 EMI를 증가시키고, 출력 전류의 왜곡을 초래할 수 있다. 반면, 저주파 순환 전류는 인버터 간 지령 전압이 상이할 때 발생하며, 이는 주로 인버터 간의 제어 신호 불일치로 인한 것이다. 이러한 순환 전류를 억제하기 위해 다양한 방법들이 개발되어 왔으며, 이들은 크게 하드웨어, 제어, 변조 기법의 세 가지 그룹으로 분류될 수 있다.

3.4.1 하드웨어 기반의 억제 기법

하드웨어 기반의 억제 기법은 주로 고주파 순환 전류를 억제하기 위해 설계된다. 이 방법은 인버터 간 전류의 경로를 물리적으로 차단하거나, 고임피던스 인덕터 또는 절연 변압기와 같은 장치를 추가하여 순환 전류의 흐름을 제한하는 방식이다. 이러한 방법들은 시스템의 물리적 구성 요소를 변경하여 직접적으로 전류 경로를 제어하므로, 다른 억제 기법에 비해 더 직접적인 효과를 기대할 수 있다.

[표 3.1]에서 확인할 수 있듯이, 고임피던스 인덕터는 고주파 순환 전류를 억제하는 데 매우 효과적이다. 이 인덕터는 높은 인덕턴스를 제공하여 고주파 전류가 흐르지 못하도록 막아주며, 이로 인해 순환 전류의 발생을 방지한다. 그러나 이러한 장치는 시스템에 추가적인 부피와 비용을 발생시킨다. 특히, 고전력 시스템에서 고임피던스 인덕터를 사용하면, 시스템 전체의 물리적 크기가 크게 증가할 수 있다. 이는 공간 제약이 있는 설치 환경에서는 큰 단점이 될 수 있다.

절연 변압기는 또 다른 하드웨어 기반의 순환 전류 억제 방법이다. 이 장치는 인버터와 부하 간의 전기적 격리를 제공하여 고주파 전류가 인버터 간에 순환하지 못하도록 한다. 절연 변압기는 특히 고전압 환경에서 유용하며, 시스템의 전기적 안전성을 높이는 역할도 한다. 그러나 이 또한 시스템의 크기와 무게를 증가시켜, 이동식 또는 제한된 공간의 설치 환경에서는 부적합할 수 있다.

이러한 하드웨어 기반 방법들은 시스템의 물리적 특성을 변경하는 방식이기 때문에, 시스템 설계 단계에서 신중한 고려가 필요하다. 시스템의 전체 부피, 비용, 전력 밀도 등을 모두 종합적으로 고려하여, 하드웨어 기반 억제 기법이 적합한지 평가해야 한다. 고주파 전류의 직접적인 억제가 필요하지만, 시스템의 부피와 비용이 크게 제한되지 않는 경우에 이러한 방법들은 효과적인 대안이 될 수 있다.

3.4.2 제어 기반의 억제 기법

제어 기반의 억제 기법은 추가적인 하드웨어 없이, 시스템의 제어 로직을 수정하여 순환 전류를 억제하는 방법이다. 이러한 기법들은 특히 저주파 순환 전류를 억제하는 데 효과적이며, 인버터 시스템의 효율을 높이는 데 중점을 둔다. 제어 기반의 방법들은 시스템의 구조적 변경 없이 제어 신호만을 조정하기 때문에, 비용 효율적이고 시스템의 전력 밀도에도 영향을 주지 않는다.

수정된 스위칭 시퀀스는 각 인버터의 스위칭 순서를 변경하여 CMV를 최소화하고, 이를 통해 순환 전류를 줄이는 방법이다. 이 방법은 시스템의 제어 로직을 수정하는 방식으로, 하드웨어 변경 없이도 효과적인 성능을 제공할 수 있다. 이 방법은 저주파 순환 전류를 효과적으로 억제할 수 있으며, 특히 고주파에서의 EMI를 줄이고, 출력 전류의 품질을 개선하는 데 큰 역할을 한다. [표 3.1]에 따르면, 이 방법은 90.9%의 순환 전류 저감 효과를 제공하며, 출력 전류의 THD는 4.26%로 나타나 있다. 이는 비교적 낮은 THD로, 고품질의 출력 전류를 제공하는 데 적합하다.

최적화된 제로 시퀀스 전압 주입 기법은 각 인버터에 주입되는 제로 시퀀스 전압을 조정하여 순환 전류를 억제하는 방법이다. 이 기법은 공통 모드 전압을 줄이는 데 중점을 두며, 이를 통해 저주파 순환 전류를 효과적으로 억제할 수 있다. [표 3.1]에서는 90.4%의 저감 성능을 보였으며, 출력 전류의 THD는 2.22%로 나타났다. 이는 수정된 스위칭 시퀀스 방법보다 더 낮은 THD를 제공하여, 더욱 정밀한 전력 변환이 요구되는 시스템에 적합하다.

캐리어 위상 변이 기법은 고주파 순환 전류를 억제하는 데 사용된다. 이 기법은 인버터 간의 삼각파 위상 차이를 조정하여 고주파에서 발생하는 순환 전류를 줄이는 방식이다. 이는 간단한 제어 로직의 변경만으로도 고주파 성분의 순환 전류를 효과적으로 줄일 수 있으며, 78.3%의 저감 성능을 제공한다. [표 3.1]에 따르면, 이 방법을 사용한 출력 전류의 THD는 3.6%로, 상당히 낮은 수준을 유지한다.

주기 제어는 삼각파의 주기를 조정하여 인버터 간의 동기화를 이루는 방식으로, 주로 고주파 순환 전류를 억제하는 데 효과적이다. 이 기법은 고주파 순환 전류를 억제하는 동시에 시스템의 부피나 비용 증가 없이도 높은 성능을 발휘할 수 있다. [표 3.1]에 따르면, 주기 제어를 통한 순환 전류 저감률은 82.4%이며, 출력 전류의 THD는 3.71%로 나타났다. 이는 캐리어 위상 변이 방법보다 높은 저감률을 제공하면서도 비교적 낮은 THD를 유지하는 방법으로 평가된다.

3.4.3 변조 기법 기반의 억제 기법

변조 기법 기반의 억제 기법은 PWM 신호를 조정하여 순환 전류를 억제하는 방법이다. 이 기법들은 인버터의 스위칭 동작을 보다 정교하게 제어하여, 순환 전류를 줄이는 동시에 전력 변환의 효율을 높이는 데 중점을 둔다. 변조 기법은 시스템의 전력 품질을 개선하고, 고주파에서의 전자기적 간섭을 줄이는 데 매우 효과적이다.

공통 모드 전압 인가를 통한 변조 기법은 인버터에 공통 모드 전압을 주입하여 순환 전류를 억제하는 방법이다. 이 방법은 특히 고주파에서의 EMI를 줄이는 데 효과적이며, 시스템의 전력 품질을 높이는 데 기여할 수 있다. [표 3.1]에 따르면, 이 기법은 90.3%의 순환 전류 저감 성능을 제공하며, THD는 1.69%로 매우 낮다. 이는 높은 신뢰성이 요구되는 전력 변환 시스템에 적합한 방법이다.

영상분 전압 가변을 통한 변조 기법은 인버터의 영상분 전압을 조정하여 순환 전류를 억제하는 방법이다. 이 기법은 공통 모드 전압을 줄이는 것과 유사한 방식으로 작동하며, 시스템의 전력 변환 효율을 극대화할 수 있다. [표 3.1]에서는 47.3%의 저감 성능을 보였으며, THD는 3.83%로 나타났다. 이는 비교적 낮은 성능이지만, 특정 조건에서 유용할 수 있다.

이중 전압 지령 기반의 변조 기법은 각 인버터의 전압 지령을 두 개의 신호로 나누어 적용하는 방식으로, 순환 전류를 억제한다. 이 방법은 전압 제어의 정밀도를 높이며, 고주파 순환 전류를 줄이는 데 매우 효과적이다. [표 3.1]에 따르면, 이 기법은 40.9%의 저감 성능을 제공하며, THD는 4.43%로 나타났다. 이는 상대적으로 낮은 저감 성능을 보이지만, 시스템의 출력 전류 품질을 개선하는 데는 효과적이다.

인터리빙 기반의 불연속 변조 기법은 삼각파의 동기화 없이 고주파 순환 전류를 억제하는 방법으로, 특히 다수의 인버터가 병렬로 연결된 경우에 효과적이다. 이 기법은 비교적 간단한 방법으로 고주파 성분을 제어할 수 있으며, [표 3.1]에서는 24.9%의 저감 성능을 보였고, THD는 5.56%로 나타났다. 이는 고주파 순환 전류를 억제하는 데는 효과적이지만, 출력 전류의 THD가 높아지는 단점이 있다.

3.4.4 억제 기법의 비교 및 적용 가능성

[표 3.1]에서는 각 억제 기법들의 성능과 특성을 종합적으로 비교하고 있다. 제어 기법과 변조 기법 기반의 억제 방안들은 일반적으로 낮은 THD를 유지하며, 고품질의 전력 변환이 요구되는 시스템에 적합하다. 특히, 최적화된 제로 시퀀스 전압과 공통 모드 전압 주입 기법은 높은 저감률과 낮은 THD를 제공하므로, 고신뢰성이 요구되는 전력 변환 시스템에 매우 적합하다.

반면, 하드웨어 기반의 억제 방안은 시스템의 물리적 구조를 변경해야 하므로, 시스템의 부피나 비용이 중요하지 않은 경우에 주로 적용된다. 이러한 방법들은 상대적으로 단순하고 직관적이지만, 시스템의 전력 밀도와 비용 효율성에 영향을 미칠 수 있다.

결론적으로, 순환 전류의 억제 방법은 시스템의 요구사항과 환경에 따라 적절하게 선택되어야 한다. 각 기법은 특정한 조건에서 최고의 성능을 발휘할 수 있으며, 필요한 경우 여러 기법을 조합하여 사용함으로써 시스템의 전체적인 성능을 최적화할 수 있다. 고주파와 저주파 순환 전류를 모두 효과적으로 억제하기 위해서는 제어, 변조, 하드웨어 기반의 방법들을 적절히 조합하여 적용하는 것이 필요하다.

[표 3.1] 순환 전류 저감 기법별 특성

분류	저감기법	순환 전류의 주파수	성능	출력 전류의 THD	특성
하드웨어	고주파 임피던스의 인덕터	고주파	–	–	– Simple reduction without control or modulation – Decrease of system power density
	수정된 LCL 필터	고주파	–	–	– Simple reduction without control or modulation – Decrease of system power density
제어 기반	수정된 스위칭 시퀀스	저주파	90.9	4.26	– No communication required – Increase in the amount of computation forcalculating the dwelling time
	최적화된 영상분 전압 주입	저주파	90.4	2.22	– Reduction of computational amount through offset voltage injection – Communication required – High reliability
	삼각파의 위상 가변	고주파	78.3	3.60	– Simple reduction – Communication required for phase difference calculation
	삼각파의 주기 가변	고주파	82.4	3.71	– Doesn't require sensed circulating current – Limit on circulating current reduction performance
변조 기반	공통 모드 전압의 인가를 통한 변조 기법	저주파	47.3	3.83	– Simple reduction – Communication required for offset voltage Calculation
	영상분 전압 가변을 통한 변조 기법	저주파	90.3	1.69	– Simple reduction – Communication required to share grid Voltage – High reliability
	이중 전압 지령 기반의 변조 기법	고주파	40.9	4.43	– Improved output current quality – Complexity of process for generating reference voltage
	인터리빙 기반의 불연속 변조 기법	고주파	24.9	5.56	– Improved output current quality – Generation of low-frequency circulating current

3.5 참고문헌

[1] H.-S. Jung and S.-K. Sul, "Decomposed Current Controller for a Paralleled Inverter with a Small Interfaced Inductor," *IEEE Trans. Power Electron.*, vol. 34, no. 9, pp. 9316–9328, Sep. 2019.

[2] X. Li, X. Xing, C. Qin, C. Zhang, and G. Zhang, "Design and Control Method to Suppress Resonances Circulating Current for Parallel Three-Level Rectifiers with Modified LCL Filter," *IEEE Trans. Ind. Electron.*, vol. 68, no. 8, pp. 7012–7023, Jul. 2020.

[3] L. Asiminoaei, E. Aeloiza, P. N. Enjeti, and F. Blaabjerg, "Shunt Active-Power-Filter Topology Based on Parallel Interleaved Inverters," *IEEE Trans. Ind. Electron.*, vol. 55, no. 3, pp. 1175–1189, Mar. 2008.

[4] Z. Xueguang, W. Li, Y. Xiao, G. Wang, and D. Xu, "Analysis and Suppression of Circulating Current Caused by Carrier Phase Difference in Parallel Voltage Source Inverters with SVPWM," *IEEE Trans. Power Electron.*, vol. 33, no. 12, pp. 11007–11020, Dec. 2018.

[5] S. Cho, Y. Jang, S. Jeon, and K.-B. Lee, "A Reliable Suppression Method of High Frequency Circulating Current in Parallel Grid Connected Inverters," in Proc. *ECCE Conf.*, Sep./Oct. 2019, pp. 1026–1031.

[6] J. Wang, F. Hu, W. Jiang, W. Wang, and Y. Gao, "Investigation of Zero Sequence Circulating Current Suppression for Parallel Three-Phase Grid-Connected Converters without Communication," *IEEE Trans. Ind. Electron.*, vol. 65, no. 10, pp. 7620–7629, Oct. 2018.

[7] S.-Y. Choi, S.-W. Kang, J.-H. Im, and R.-Y. Kim, "Circulating Current Reduction Method Using High Frequency Voltage Compensation in Asynchronous Carriers for Modular Scalable Inverter System," *Trans. Korean Inst. Power Electron.*, vol. 24, no. 2, pp.71–77, Apr. 2019.

[8] S.-B. Jeon, S.-J. Cho, and K.-B. Lee, "Circulating Current Suppression Method of Grid-connected Inverters in Parallel Using Serial Communication," *Trans. Korean Inst. Power Electron.*, vol. 70, no. 6, pp.878–886, Jun. 2021.

[9] T. Xu and F. Gao, "Global Synchronous Pulse Width Modulation of Distributed Inverters," *IEEE Trans. Power Electron.*, vol. 31, no. 9, pp. 6237–6253, Sep. 2016.

[10] T. Xu, F. Gao, T. Hao, X. Meng, Z. Ma, C. Zhang, and H. Chen, "Two-Layer Global Synchronous Pulse Width Modulation Method for Attenuating Circulating Leakage Current

in PV Station," *IEEE Trans. Ind. Electron.*, vol. 65, no. 10, pp. 8005–8017, Oct. 2018.

[11] Q. Ye, M. Zeng, Y. Zhang, and K. Wu, "CAN Bus Based Current Sharing Control of High-Power Switching Converters," *J. Power Electron.*, vol. 21, no. 3, pp. 529–540, Mar. 2021.

[12] X.-L. Jin, S.-F. Liu, W. Shi, H. Yang, and R.-X. Zhao, "Novel Space Vector-Based PWM Strategy with Minimal Circulating Current and Line-Current Ripple for Two Parallel Interleaved Inverters," *J. Power Electron.*, vol. 21, no. 2, pp. 308–320, Feb. 2021.

[13] B. Zhang, X. Han, R. Meng, C. Ren, L. Wang, T. Song, and Y. Liu, "Adaptive Virtual Impedance Control Based on Second-Order Generalized Integral for Circulating Current Suppression," *J. Power Electron.*, vol. 21, no. 1, pp. 13–26, Jan. 2021.

[14] N. B. Kadandani, M. Dahidah, S. Ethni, and M. Muhammad, "Lifetime and Reliability Improvements in Modular Multilevel Converters Using Controlled Circulating Current," *J. Power Electron.*, vol. 21, no. 10, pp. 1611–1620, Oct. 2021.

[15] W. Jiang, Y. Gao, B. Xiao, J. Wang, X. Ding, and L. Wang, "Suppression of High-Frequency Circulating Current Caused by Asynchronous Carriers for Parallel Three-Phase Grid-Connected Converters," *IEEE Trans. Ind. Electron.*, vol. 65, no. 2, pp. 1031–1040, Feb. 2018.

[16] A. Tcai, Y. Kwon, S. Pugliese, and M. Liserre, "Reduction of the Circulating Current Among Parallel NPC Inverters," *IEEE Trans. Power Electron.*, vol. 36, no. 11, pp. 12504–12514, Nov. 2021.

[17] H. Xu, L. Xu, C. Li, K. Wang, Z. Zheng, and Y. Li, "Improved Interleaved Discontinuous PWM for Zero-Sequence Circulating Current Reduction in Three-Phase Paralleled Converter," *IEEE Trans. Ind. Electron.*, vol. 68, no. 9, pp. 8676–8686, Sep. 2021.

[18] S. Kang, S. Choi, J. Im, R. Kim, and S. Kim, "Control Strategy for Suppression of Circulating Current Using High-Frequency Voltage Compensation in Asyn-chronous Carriers for Modular and Scalable Inverter Systems," *IET Power Electron.*, vol. 12, no. 14, pp. 3668–3674, Nov. 2019.

[19] M. Narimani and G. Moschopoulos, "Improved Method for Paralleling Reduced Switch VSI Modules: Harmonic Content and Circulating Current," *IEEE Trans. Power Electron.*, vol. 29, no. 7, pp. 3308–3317, Jul. 2014.

[20] L. He, K. Zhang, J. Xiong, and S. Fan, "A Repetitive Control Scheme for Harmonic Suppression of Circulating Current in Modular Multilevel Converters," *IEEE Trans. Power Electron.*, vol. 30, no. 1, pp. 471–481, Jan. 2015.

[21] X. Chen, J. Liu, S. Song, and S. Ouyang, "Circulating Harmonic Currents Suppression of Level-Increased NLM Based Modular Multilevel Converter with Deadbeat Control," *IEEE Trans. Power Electron.*, vol. 35, no. 11, pp. 11418–11429, Nov. 2020.

[22] S. Yang, P. Wang, Y. Tang, M. Zagrodnik, X. Hu, and K. J. Tseng, "Circulating Current Suppression in Modular Multilevel Converters with Even-Harmonic Repetitive Control," *IEEE Trans. Ind. Appl.*, vol. 54, no. 1, pp. 298–309, Jan./Feb. 2018.

[23] J. S. S. Prasad and G. Narayanan, "Common-Mode Injection PWM for Parallel Converters," *IEEE Trans. Ind. Electron.*, vol. 62, no. 2, pp. 789–794, Feb. 2015.

[24] Z.-X. Zou, F. Hahn, G. Buticchi, S. Gunter, and M. Liserre, "Interleaved Operation of Two Neutral-Point-Clamped Inverters with Reduced Circulating Current," *IEEE Trans. Power Electron.*, vol. 33, no. 12, pp. 10122–10134, Dec. 2018.

[25] K. Sun, X. Lin, Y. Li, Y. Gao, and L. Zhang, "Improved Modulation Mechanism of Parallel-Operated T-Type Three-Level PWM Rectifiers for Neutral-Point Potential Balancing and Circulating Current Suppression," *IEEE Trans. Power Electron.*, vol. 33, no. 9, pp. 7466–7479, Sep. 2018.

[26] Z. Quan and Y. W. Li, "Suppressing Zero-Sequence Circulating Current of Modular Interleaved Three-Phase Converters Using Carrier Phase Shift PWM," *IEEE Trans. Ind. Appl.*, vol. 53, no. 4, pp. 3782–3792, Jul./Aug. 2017.

[27] H. Xu, L. Xu, K. Wang, Z. Zheng, and Y. Li, "Zero Sequence Circulating Current Reduction of Paralleled Converters with Interleaved Discontinuous PWM," in Proc. *ECCE Conf.*, Sep./Oct. 2019, pp. 1414–1420.

[28] G. Konstantinou, J. Pou, G. Capella, K. Song, S. Ceballos, and V. Agelidis, "Interleaved Operation of Three-Level Neutral Point Clamped Converter Legs and Reduction of Circulating Currents Under SHE-PWM," *IEEE Trans. Ind. Electron.*, vol. 63, no. 6, pp. 3323–3332, Jun. 2016.

[29] Z. Quan and Y. Li, "Phase-Disposition PWM Based 2DoF-Interleaving Scheme for Minimizing High Frequency ZSCC in Modular Parallel Three-Level Converters," *IEEE Trans.*

Power Electron., vol. 34, no. 11, pp. 10590–10599, Nov. 2019.

[30] X. Xing, Z. Zhang, C. Zhang, J. He, and A. Chen, "Space Vector Modulation for Circulating Current Suppression Using Deadbeat Control Strategy in Parallel Three-Level Neutral-Clamped Inverters," *IEEE Trans. Ind. Electron.*, vol. 64, no. 2, pp. 977–987, Feb. 2017.

[31] Z. Xueguang, Z. Wenjie, and Xu Dianguo, "Deadbeat Control Strategy of Circulating Currents in Parallel Connection System of Three-Phase PWM Converter," *IEEE Trans. Energy Convers.*, vol. 29, no. 2, pp. 406–517, Jun. 2014.

[32] Z. Liang, X. Lin, X. Qiao, Y. Kang, and B. Gao, "A Coordinated Strategy Providing Zero-Sequence Circulating Current Suppression and Neutral-Point Potential Balancing in Two Parallel Three-Level Converters," *IEEE J. Emerg. Sel. Top. Power Electron.*, vol. 6, no. 1, pp. 363–376, Mar. 2018.

[33] X. Yang, Y. Li, Z. Gao, L. Xi, and J. Wen, "Analysis and Design of Full-Bridge Converter with a Simple Passive Auxiliary Circuit Achieving Adaptive Peak Current for ZVS and Low Circulating Current," *IEEE J. Emerg. Sel. Top. Power Electron.*, vol. 9, no. 2, pp. 2051–2065, Apr. 2021.

[34] Y. Wu, J. M. Guerrero, and Y. Wu, "Distributed Coordination Control for Suppressing Circulating Current in Parallel Inverters of Islanded Microgrid," *IET Gener., Transmiss. Distrib.*, vol. 13, no. 7, pp. 968–975, Apr. 2019.

[35] X. Xing, X. Li, C. Qin, J. Chen, and C. Zhang, "An Optimized Zero-Sequence Voltage Injection Method for Eliminating Circulating Current and Reducing Common Mode Voltage of Parallel-Connected Three-Level Converters," *IEEE Trans. Ind. Electron.*, vol. 67, no. 8, pp. 6583–6596, Aug. 2020.

[36] I.-O. Lee and G.-W. Moon, "Phase-Shifted PWM Converter with a Wide ZVS Range and Reduced Circulating Current," *IEEE Trans. Power Electron.*, vol. 28, no. 2, pp. 908–919, Feb. 2013.

[37] G. Gohil, R. Maheshwari, L. Bede, T. Kerekes, R. Teodorescu, M. Liserre, and F. Blaabjerg, "Modified Discontinuous PWM for Size Reduction of the Circulating Current Filter in Parallel Interleaved Converters," *IEEE Trans. Power Electron.*, vol. 30, no. 7, pp. 3457–3470, Jul. 2015.

[38] Z. Zeng, Z. Li, and S. M. Goetz, "Line Current Ripple Minimization PWM Strategy with Reduced Zero-Sequence Circulating Current for Two Parallel Interleaved Three-Phase Converters," *IEEE Trans. Power Electron.*, vol. 35, no. 7, pp. 6931–6943, Jul. 2020.

[39] Y.-K. Son, S.-J. Chee, Y. Lee, and S.-K. Sul, "Suppression of Circulating Current in Parallel Operation of Three-Level AC/DC Converters," *Trans. Korean Inst. Power Electron.*, pp. 312–320, Aug. 2016.

[40] H. Chen and X. Xing, "Circulating Current Analysis and Suppression for Module Grid-Connected Inverters Under Unbalanced Conditions," *IEEE Access*, vol. 10, pp. 69120–69129, Dec. 2018.

[41] X. Zhang, Z. Fu, Y. Xiao, G. Wang, and D. Xu, "Control of Parallel Three-Phase PWM Converters Under Generalized Unbalanced Operating Conditions," *IEEE Trans. Power Electron.*, vol. 32, no. 4, pp. 3206–3215, Apr. 2017.

[42] M. Narimani and G. Moschopoulos, "Three-Phase Multimodule VSIs Using SHE-PWM to Reduce Zero-Sequence Circulating Current," *IEEE Trans. Ind. Electron.*, vol. 61, no. 4, pp. 1659–1668, Apr. 2014.

[43] W. Li, X. Zhang, L. Chen, and D. Xu, "Novel Five-Level Space Vector Modulation for Parallel Three-Level Inverters with Smaller AC Side Current Ripples and Circulating Current," in *Proc. 21st Eur. Conf. Power Electron. Appl.*, Sep. 2019, pp. 1–9.

[44] W. Jiang, W. Ma, J. Wang, W. Wang, X. Zhang, and L. Wang, "Suppression of Zero Sequence Circulating Current for Parallel Three-Phase Grid-Connected Converters using Hybrid Modulation Strategy," *IEEE Trans. Ind. Electron.*, vol. 65, no. 4, pp. 3017–3026, Apr. 2018.

[45] N. Ghanbari and S. Bhattacharya, "Adaptive Droop Control Method for Suppressing Circulating Currents in DC Microgirds," *IEEE Open Access J. Power Energy*, vol. 7, pp. 100–110, Feb. 2020.

[46] Q. Zhang, X. Xing, and K. Sun, "Space Vector Modulation Method for Simultaneous Common Mode Voltage and Circulating Current Reduction in Parallel Three-Level Inverters," *IEEE Trans. Power Electron.*, vol. 34, no. 4, pp. 3053–3066, Apr. 2019.

[47] S. Adak, "Harmonics Mitigation of Stand-Alone Photovoltaic System Using LC Passive Filter," *J. Electric. Eng. Tech.*, vol. 16, no. 5, pp. 2389–2396, Sep. 2021.

CHAPTER 04

수정된 스위칭 시퀀스 기반 순환 전류의 억제 방안

이 장에서는 저주파 순환 전류를 억제하기 위한 방안으로 수정된 스위칭 시퀀스 기반의 변조 기법을 설명한다. 기존의 SVM에서 스위칭 시퀀스를 변경하여 큰 순환 전류를 유발하는 전압 벡터를 다른 전압 벡터로 대체하는데, CMV의 변동을 최소화하기 위해 CMV의 크기가 같은 전압 벡터만을 이용하여 스위칭 시퀀스를 조절한다. 이를 위해서 식 (4.1)과 같이 정의된 전압 변조 지수 MI가 1이하인 영역에서는 CMV의 크기가 동일한 Medium 벡터와 Zero 벡터를 사용하여 스위칭 시퀀스를 조절한다.

$$MI = \frac{V_{ref}}{V_{dc}/2} \tag{4.1}$$

여기서 V_{dc}는 직류단 전압이고, V_{ref}는 지령 전압이다.

그러나 Medium 벡터만 사용할 경우에는 전압 변조 지수 MI를 1 이상으로 증가시킬 경우에 전압 및 전류가 왜곡되는 문제가 발생한다. 이를 해결하기 위해서 전압 변조 지수가 1 이상일 경우에 Medium 벡터만 사용하여 지령 전압을 생성할 수 있는 영역과 생성이 불가능한 영역을 구분한다. 지령 전압의 생성이 불가능한 영역에서는 기존 SVM에서 순환 전류를 크게 발생시키는 전압 벡터를 다른 벡터로 대체하여 스위칭 시퀀스를 변경한다. 따라서 전압 변조 지수가 1 이상일 경우에는 영역에서 따라 2개의 기법을 통합하여 적용한다.

4.1 병렬 인버터에서 기존의 공간 벡터 변조 방식

4.1.1 SVM의 스위칭 시퀀스

SVM은 출력 전류와 전압의 품질 향상을 위해 3레벨 인버터에서 가장 널리 적용되고 있는 기법이다. 3레벨 인버터의 극전압에는 P, O, N 세 가지 스위칭 상태가 있으며, 극 전압의 크기는 스위칭 상태에서 따라 $+V_{dc}/2$, 0, $-V_{dc}/2$를 갖는다. 이때, 스위치 '$T_{x1,j}$ 및 $T_{x3,j}$'와 '$T_{x2,j}$ 및 $T_{x4,j}$'는 상보적으로 동작한다.

[그림 4.1]은 3상 3레벨 인버터의 스위칭 상태에 따른 전압을 나타낸 전압 벡터도이다. 2장에서 설명한 바와 같이 V_0는 3상의 스위칭 상태가 모두 동일한 경우로 Zero 벡터를 나타내고, $V_1 \sim V_6$은 Small 벡터, $V_7 \sim V_{12}$는 Medium 벡터, $V_{13} \sim V_{18}$는 Large 벡터를 나타낸다. 각 Small 벡터에는 하나의 전압 벡터에 크기가 동일한 두 개의 스위칭 상태가 존재한다. 예를 들어 V_1 Small 벡터에는 POO와 ONN 스위칭 상태가 존재한다. 3상 전압의 크기에 따라 전압 벡터도를 30°씩 12개의 섹터로 나눌 수 있으며, a상 전압을 기준으로 −30° ~ 0°인 경우에 섹터 1로 정의한다. 지령 전압이 [그림 4.1]에 색칠된 부분과 같이 0° ~ 30°에 위치한 섹터 2 내에 존재할 경우에는 세 개의 전압 벡터 V_1, V_7, V_{13}이 사용된다. 이때 스위칭 횟수의 최소화를 위해 사용되는 Small 벡터는 POO와 ONN 스위칭 상태를 적절히 선택한다. 섹터 2에서 제어 주기 동안의 스위칭 시퀀스는 [그림 4.2]에 나타난다. 먼저 Small 벡터 V_1에서 POO 스위칭 상태를 $T_s/4$동안 인가하고, 다음으로 스위칭 상태의 변화를 최소화하기 위해 Medium 벡터 V_7의 PON 스위칭 상태를 $T_m/2$동안, Large 벡터 V_{13}을 $T_l/2$동안 인가한다. 마지막으로 Small 벡터 V_1에서 ONN 스위칭 상태를 인가하면 제어 반 주기가 된다. 이후 나머지 반 주기 동안은 4개의 전압 벡터를 반대의 순서로 인가하면 스위칭 상태가 변경될 때 한 상의 스위칭 상태만 변경되며, 제어 주기 동안 3상의 스위칭은 총 6번 발생한다.

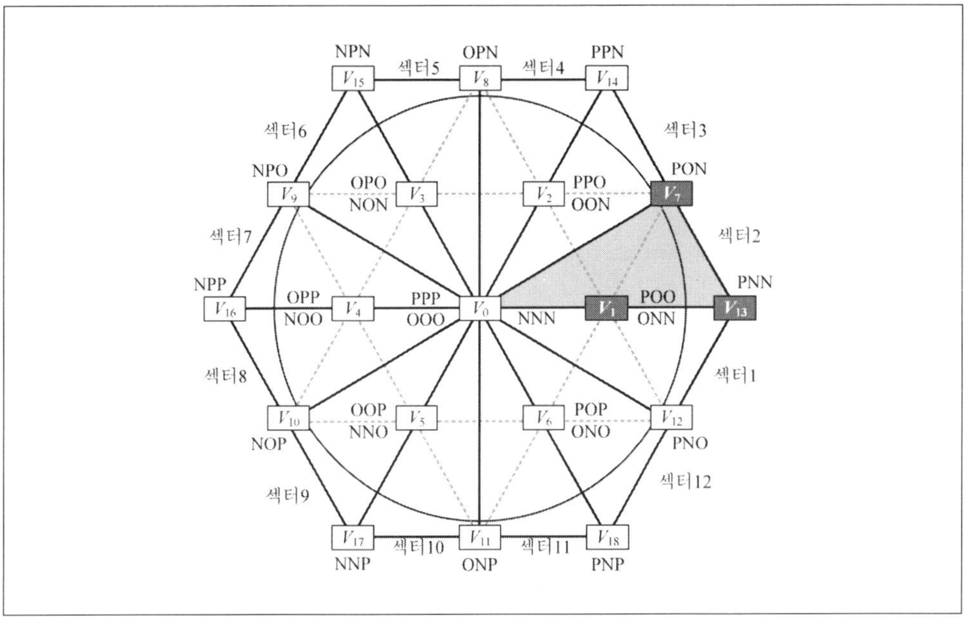

그림 4.1 3레벨 인버터의 전압 벡터도 및 기존 SVM에서의 전압 벡터

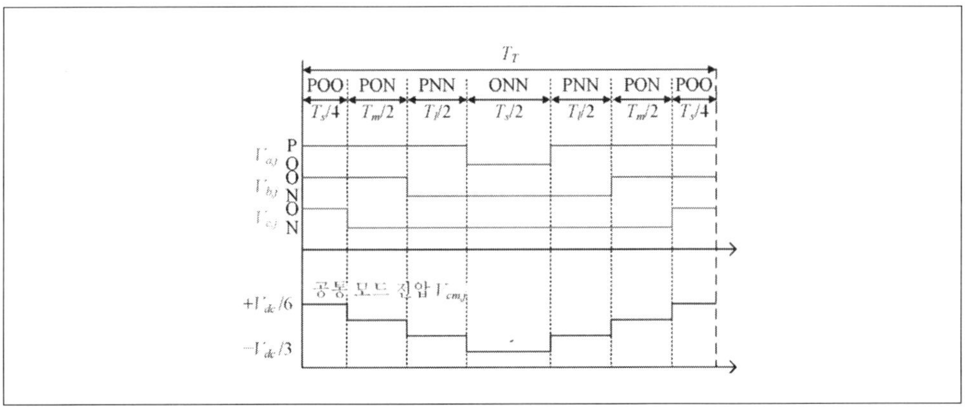

그림 4.2 기존 SVM에서 스위칭 시퀀스와 공통 모드 전압

3상 인버터의 스위칭 상태에 따른 CMV는 [표 4.1]과 같이 정의된다. Zero 벡터의 경우 CMV는 0V 또는 $\pm V_{dc/2}$이며, Small 벡터의 CMV는 $\pm V_{dc/6}$ 또는 $\pm V_{dc/3}$이다. Medium 벡터의 CMV는 $\pm V_{dc/6}$, Large 벡터의 CMV는 0V이다. 지령 전압이 섹터 2에 존재할 경우 스위칭 상태에 따른 CMV는 [그림 4.2]와 같이 $-V_{dc/3}$에서 $+V_{dc/6}$까지 변동하며, 스위칭 상태가 가변될 때마다 $V_{dc/6}$씩 변동한다. 스위칭 상태가 POO인 경우에 CMV는 $V_{dc/6}$이고, 스위칭 상태가 ONN인 경우에 CMV는 $-V_{dc/3}$이므로 동일한 전압 벡터를 갖더라도 스위칭 상태에 따라 CMV의 크기는 상이하다.

[표 4.1] 스위칭 상태에 따른 공통 모드 전압

전압 벡터	스위칭 상태	공통 모드 전압
Zero	NNN	$-V_{dc}/2$
Small	ONN, NON, NNO	$-V_{dc}/3$
	OON, NON, NOO	$-V_{dc}/6$
Large	PNN, NPN, NNP	
Zero	OOO	0
Medium	PON, OPN, NPO, NOP, ONP, PNO	0
Large	NPP, PNP, PPN	$+V_{dc}/6$
Small	POO, OPO, OOP	
	PPO, POP, OPP	$+V_{dc}/3$
Zero	PPP	$+V_{dc}/2$

4.1.2 SVM의 구현 방식

스위칭 횟수를 최소화한 SVM을 구현하는 방식은 한 스위칭 주기 동안 각 전압 벡터의 인가 시간을 계산하여 직접 스위칭 상태를 인가하는 방식과 이와 동일한 전압을 출력할 수 있도록 지령 전압을 만들어 삼각 반송파와 비교하는 방식이 있다. 제어 주기 동안 사용되는 전압 벡터와 스위칭 시퀀스가 결정되면, 식 (4.2) 및 식 (4.3)과 같이 정의할 수 있다.

$$\int_0^{T_T} V_{ref}dt = \int_0^{T_l} V_l dt + \int_{T_l}^{T_l+T_m} V_m dt + \int_{T_l+T_m}^{T_T} V_s dt \tag{4.2}$$

$$T_T = T_l + T_m + T_s \tag{4.3}$$

식 (4.2)와 식 (4.3)을 이용하여 지령 전압과 각 전압 벡터의 인가 시간의 관계식을 직교 좌표계에 표현하면 식 (4.4)와 같고, 이를 기반으로 각 전압 벡터의 인가 시간을 제어 주기, 지령 전압, 입력 전압에 대한 식으로 표현할 수 있다.

$$\begin{aligned} T_T V_{ref}\begin{bmatrix}\cos\theta_{ref}\\ \sin\theta_{ref}\end{bmatrix} &= T_l\frac{2V_{dc}}{3}\begin{bmatrix}\cos(0)\\ \sin(0)\end{bmatrix} + T_m\frac{V_{dc}}{\sqrt{3}}\begin{bmatrix}\cos(\pi/6)\\ \sin(\pi/6)\end{bmatrix} + T_s\frac{V_{dc}}{3}\begin{bmatrix}\cos(0)\\ \sin(0)\end{bmatrix} \\ &= \begin{bmatrix} T_l(2V_{dc}/3) + T_m(V_{dc}/2) + T_s(V_{dc}/3) \\ T_m(V_{dc}/2\sqrt{3}) \end{bmatrix} \end{aligned} \tag{4.4}$$

$$T_s = T_T\left(2 - \frac{\sqrt{3}\,V_{ref}\sin\theta_{ref}}{V_{dc}} - \frac{3\,V_{ref}\cos\theta_{ref}}{V_{dc}}\right) \tag{4.5}$$

$$T_m = T_T\frac{2\sqrt{3}\,V_{ref}\sin\theta_{ref}}{V_{dc}} \tag{4.6}$$

$$T_l = T_T\left(\frac{3\,V_{ref}\cos\theta_{ref}}{V_{dc}} - \frac{\sqrt{3}\,V_{ref}\sin\theta_{ref}}{V_{dc}} - 1\right) \tag{4.7}$$

위의 식을 이용하여 3상 인버터의 스위칭 상태를 시간에 따라 지정할 수 있다. 먼저 $T_s/4$ 동안 Small 벡터의 POO 스위칭 상태를 인가하면, a상의 1번과 2번 스위치 $T_{a1,j}$ 및 $T_{a2,j}$가 on되고, a상의 3번과 4번 스위치 $T_{a3,j}$ 및 $T_{a4,j}$가 off된다. b상과 c상의 경우에는 $T_{x2,j}$ 및 $T_{x3,j}$가 on되고, $T_{x1,j}$ 및 $T_{x4,j}$가 off된다.

이러한 방식으로 스위칭 상태를 인가하는 SVM 기법은 제어 주기마다 이용되는 전압 벡터의 인가 시간을 계산해야 하고, 제어 주기가 짧아질수록 계산량의 부담의 증가해 구현이 어렵다는 단점이 있다. 이의 대안으로 옵셋 전압을 추가한 SVM 방식이 개발되었다. 기존의 SPWM 기법에서 SVM과 동일한 지령 전압을 생성할 수 있도록 옵셋 전압을 주입하여 삼각 반송파와 비교하는 방식으로 매 제어 주기마다 각 전압 벡터의 인가 시간을 계산할 필요가 없어 구현이 용이하다. SVM의 옵셋 전압은 기존 SPWM의 지령 전압을 이용하여 식 (4.8)과 같이 영상분 전압 형태로 표현된다.

$$V_{offset,j} = -\frac{\min(V_{xj,ref}) + \max(V_{xj,ref})}{2},\ j = 1,2 \tag{4.8}$$

이러한 SVM 방식을 병렬 인버터에 적용할 경우에 동기 모드로 동작하지만, 하드웨어의 한계나 제어의 오차에 의해 저주파 순환 전류가 발생할 수 있다.

4.2 저주파 순환 전류 억제를 위한 공간 벡터 변조 방식

저주파 순환 전류를 억제하기 위해서 기존의 SVM에서 스위칭 시퀀스를 재구성한다. 스위칭 시퀀스를 재구성하기 위한 변조 방식은 전압 변조 지수 MI에 따라 영역을 2개로 나눈다. MI가 1보다 작은 영역에서는 [그림 4.3(a)]에 나타낸 것과 같이 Zero 벡터와 Medium

벡터를 적용하며, MI가 1보다 큰 영역 중 Zero 벡터와 Medium 벡터만으로 구현이 불가능한 영역에서는 [그림 43.(b)]에 보이는 것과 같이 Zero 벡터, Small 벡터, Medium 벡터, Large 벡터를 적용한다.

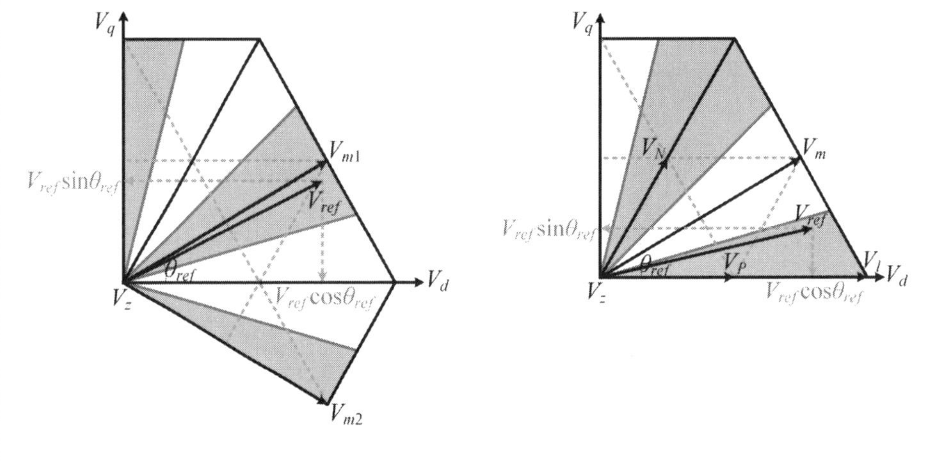

(a) Medium 벡터 변조 영역 (b) 통합 변조 영역

그림 4.3 전압 벡터의 인가 시간 계산을 위한 dq축 지령 전압

4.2.1 Medium 벡터 변조 영역(MI〈1)

MI가 기준값보다 작은 경우에는 Medium 벡터 변조 방식이 적용되며, 이 경우에는 2개의 Medium 벡터와 Zero 벡터 한 개만 사용된다. 이 때 사용되는 6개의 Medium 벡터는 [그림 4.4]에 내부 육각형으로 표시된 PON, OPN, NPO, NOP, ONP, PNO로, Medium 벡터들의 CMV는 0V이다. 또한, Zero 벡터 PPP, NNN, OOO의 CMV는 ±Vdc/2 또는 0V이며, CMV의 변동 및 스위칭 횟수를 최소화하기 위해 Zero 벡터 OOO이 채택된다.

지령 전압이 섹터2에 있는 경우 지령 전압을 직교 좌표계에 나타내면 [그림 4.3 (a)]와 같고, 이를 이용하여 사용되는 전압 벡터를 결정하고, 스위칭 시퀀스를 생성할 수 있다. 지령 전압이 섹터1 또는 섹터2에 존재할 경우에 선택되는 Medium 벡터는 V_7과 V_{12}이다. Medium 벡터 변조 영역의 스위칭 스퀀스는 [그림 4.5]에 나타나 있으며, 각 섹터에 따른 스위칭 시퀀스는 [표 4.2]에 제시되어 있다. 한 제어 주기 동안 3개의 전압 벡터가 인가되며, 스위칭 횟수는 총 8회로 기존의 SVM에 비해 증가하였다. [그림 4.5]의 스위칭 시퀀스

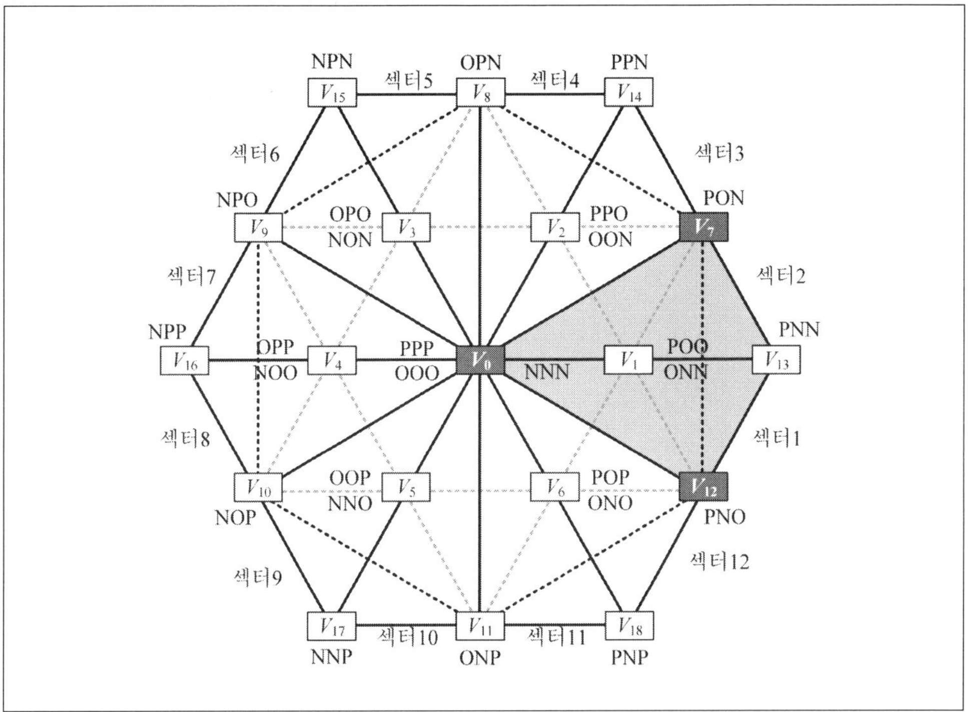

그림 4.4 Medium 벡터 변조 영역에서의 전압 벡터도

를 갖는 경우에는 a상과 b상의 경우 한 제어 주기 동안 2번의 스위칭만 발생하지만, c상의 경우 총 4번의 스위칭이 발생한다. 다른 섹터에서도 같은 현상이 발생하여 스위칭 횟수 증가에 따른 전력 손실이 증가되는 단점이 있지만, [그림 4.5]에 나타난 것과 같이 한 제어 주기 동안 CMV의 변동이 발생하지 않아 순환 전류가 발생하지 않는다는 장점이 있다.

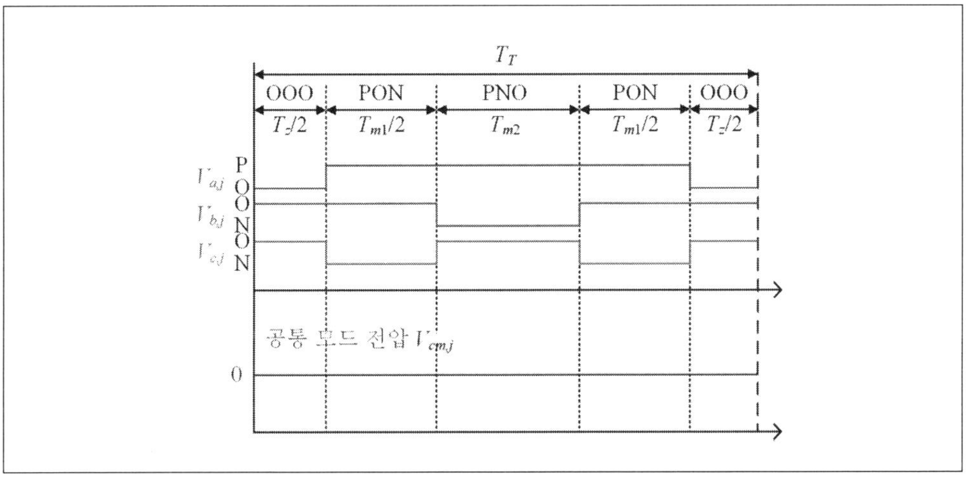

그림 4.5 Medium 변조 영역에서 스위칭 시퀀스와 공통 모드 전압

[표 4.2] Medium 변조 영역에서 섹터별 스위칭 시퀀스

섹터	스위칭 시퀀스				
	T_z	$T_{m1}/2$	T_{m2}	$T_{m1}/2$	T_z
1	OOO	PNO	PON	PNO	OOO
2	OOO	PNO	PON	PNO	OOO
3	OOO	PON	OPN	PON	OOO
4	OOO	PON	OPN	PON	OOO
5	OOO	OPN	NPO	OPN	OOO
6	OOO	OPN	NPO	OPN	OOO
7	OOO	NPO	NOP	NPO	OOO
8	OOO	NPO	NOP	NPO	OOO
9	OOO	NOP	ONP	NOP	OOO
10	OOO	NOP	ONP	NOP	OOO
11	OOO	ONP	PNO	ONP	OOO
12	OOO	ONP	PNO	ONP	OOO

지령 전압이 섹터 2에 존재하는 경우에 두 개의 Medium 벡터 PON, PNO와 Zero 벡터 OOO를 사용하는 Medium 벡터 변조에 의해 CMV는 0V를 유지한다. 또한, 순환 전류를 생성하는 CMV의 차이가 발생하지 않는다. 이러한 중간 벡터 변조에서 두 개의 중간 벡터는 T_{m1}, T_{m2} 시간동안 인가되며, T_{m1}와 T_{m2}의 합이 제어 주기 T_T보다 작은 경우에 T_z 동안 Zero 벡터가 인가된다.

$$\int_0^{T_T} V_{ref}dt = \int_0^{T_{m1}} V_{m1}dt + \int_{T_{m1}}^{T_{m1}+T_{m2}} V_{m2}dt + \int_{T_{m1}+T_{m2}}^{T_T} V_z dt \tag{4.9}$$

$$T_T = T_{m1} + T_{m2} + T_z \tag{4.10}$$

지령 전압과 이에 따라 선택된 전압 벡터를 직교 좌표계에서 표현하면 식 (4.11)과 같다.

$$\begin{aligned} T_T V_{ref}\begin{bmatrix}\cos\theta_{ref}\\ \sin\theta_{ref}\end{bmatrix} &= T_{m1}\frac{V_{dc}}{\sqrt{3}}\begin{bmatrix}\cos(\pi/6)\\ \sin(\pi/6)\end{bmatrix} + T_{m2}\frac{V_{dc}}{\sqrt{3}}\begin{bmatrix}\cos(-\pi/6)\\ \sin(-\pi/6)\end{bmatrix} \\ &= \begin{bmatrix} T_{m1}(V_{dc}/2) + T_{m2}(V_{dc}/2) \\ T_{m1}(V_{dc}/2\sqrt{3}) - T_{m2}(V_{dc}/2\sqrt{3})\end{bmatrix}\end{aligned} \tag{4.11}$$

식 (4.10)과 식 (4.11)을 기반으로 각 전압 벡터의 인가 시간을 계산하면 다음과 같다.

$$T_{m1} = \frac{2T_T V_{ref} \sin(\theta_{ref} + \pi/6)}{V_{dc}} \tag{4.12}$$

$$T_{m2} = \frac{2T_T V_{ref} \sin(\theta_{ref} - \pi/6)}{V_{dc}} \tag{4.13}$$

$$T_z = T_T - (T_{m1} + T_{m2}) \tag{4.14}$$

4.2.2 통합 변조 영역(MI〉1)

Medium 벡터 변조 방식은 전압 벡터를 선택할 때 각 벡터의 크기와 위상을 고려하여 출력 전압을 생성한다. 그러나 Medium 벡터만 사용할 경우 동작 가능한 최대 변조 지수가 1로 제한되어 [그림 4.6]에 점선으로 표시된 내부 육각형까지의 전압까지만 생성할 수 있다. 전압 변조 지수가 1을 초과하는 영역에서는 [그림 4.6]의 실선으로 표시된 원 형태의 전압을 생성해야 하는데,내부 육각형을 벗어나는 구간이 발생한다. 이때 육각형과 원이 교차하는 지점의 각도는 전압 변조 지수에 의해 식 (4.15)와 같이 계산된다.

$$\theta_{int} = \cos^{-1}\left(\frac{1}{MI}\right) \tag{4.15}$$

예를 들어 전압 변조 지수가 1.03일 경우에 섹터 2에서 육각형과 원이 교차하는 위상각은 15.3°이며, 위상각이 15.3°보다 큰 경우에는 Medium 벡터 변조 방식을 적용할 수 있다.

그러나 [그림 4.6]에서 위상각 θ_{int}가 15.3°보다 작은 경우에는 Medium 벡터 변조 방식을 적용할 경우에 지령 전압을 생성할 수 없어 이를 보완하기 위한 추가의 기법이 필요하다. 기존의 SVM과 동일하게 전압 변조 지수가 1.15인 상황에서까지 지령 전압을 생성하면서 저주파 순환 전류를 저감하기 위한 방안으로 Zero, Medium, Large 벡터를 인가하는 Large, medium, zero vector modulation (LMZVM) 기법에 Small 벡터를 추가하는 기법이 채택되었다.

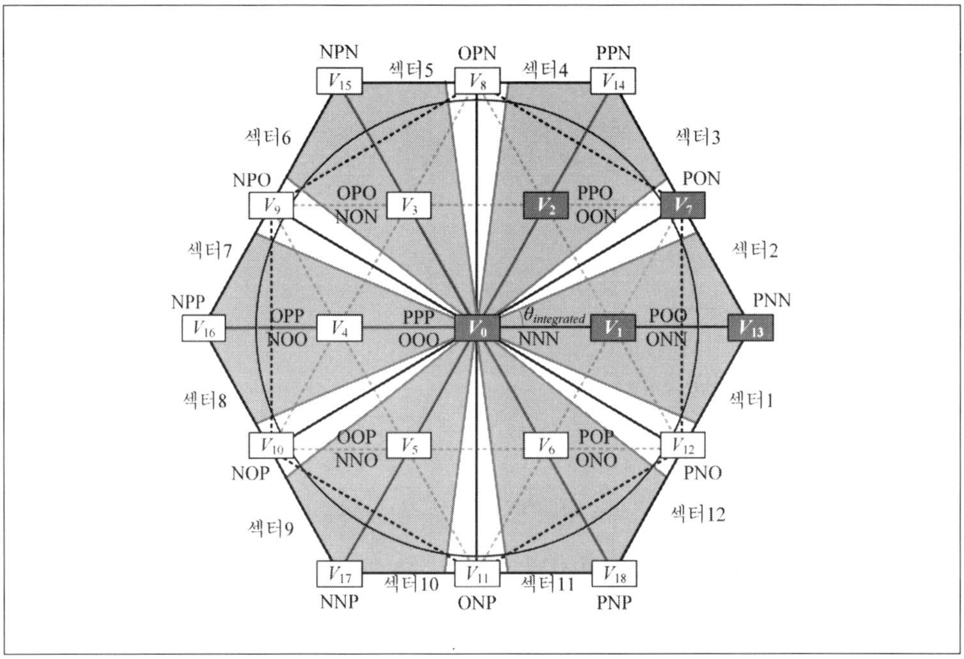

그림 4.6 통합 변조 영역에서의 전압 벡터도

해당 영역에서는 먼저 각 섹터에서 지령 전압을 생성하기 위해 기존에 선택된 두 개의 Medium 벡터와 Zero 벡터를 Large 벡터, Medium 벡터, Zero 벡터 한 개씩으로 변경하여 LMZVM을 구현한다. 예를 들어 [그림 4.6]에서 지령 전압이 섹터 2에 존재하는 경우에는 전압 벡터 V_{13}, V_7, V_0가 선택된다. 이때 선택된 전압 벡터들은 CMV가 0V 또는 $\pm V_{dc}/6$으로 유지되어 순환 전류의 변동이 크지 않다. 추가로 저주파 순환 전류를 저감하기 위해 Small 벡터가 선택된다. 이때 12개의 Small 벡터 중에 6개의 Small 벡터의 CMV 크기는 $V_{dc}/3$이고, 나머지 Small 벡터의 크기는 $V_{dc}/6$이다. 다른 벡터들과의 CMV 차이를 최소화하기 위해서는 CMV의 크기가 $V_{dc}/6$인 Small 벡터만을 선택해야 한다. 이러한 Small 벡터는 N형 Small 벡터(ONN, NON, NNO)와 P형 Small 벡터(PPO, POP, OPP)로 구분된다. 선택되는 Small 벡터는 저주파 순환 전류의 방향에 따라 결정되며, 이 때 어떤 Small 벡터를 선택하더라도 CMV의 변동이 최소화되어 순환 전류를 억제할 수 있게 된다. 위의 원리를 기반으로 한 제어 주기 동안 총 4개의 전압 벡터가 선택되며, 각 벡터의 인가 시간은 아래의 식을 만족한다.

$$\int_0^{T_T} V_{ref}dt = \int_0^{T_l} V_l dt + \int_{T_l}^{T_l+T_m} V_m dt + \int_{T_l+T_m}^{T_l+T_m+T_s} V_s dt + \int_{T_l+T_m+T_s}^{T_T} V_z dt \qquad (4.16)$$

$$T_T = T_l + T_m + T_s + T_z \tag{4.17}$$

순환 전류가 0A보다 큰 경우에는 순환 전류의 크기를 0A로 낮추기 위해서 CMV가 0A보다 작은 N형 Small 벡터 NOO, ONO, OON 중에서 하나를 선택한다. 반면에 순환 전류가 0A보다 작은 경우에는 순환 전류를 0A로 증가시키기 위해서 CMV가 0A보다 큰 P형 Small 벡터 POO, OPO, OOP 중에서 하나를 선택한다. 각 섹터에서 순환 전류의 방향에 따라 선택된 Small 벡터를 기반으로 스위칭 시퀀스를 나타내면 [표 4.3]과 같다.

[표 4.3] 통합 변조 영역에서 순환 전류 및 섹터에 따른 스위칭 시퀀스

순환 전류	섹터	$T_z/2$	$T_s/2$	$T_m/2$	T_l	$T_m/2$	$T_s/2$	$T_z/2$
$i_{cir} > 0$	1	OOO	ONO	PNO	PNN	PNO	ONO	OOO
	2	OOO	OON	PON	PNN	PON	OON	OOO
	3	OOO	OON	PON	PPN	PON	OON	OOO
	4	OOO	OON	OPN	PPN	OPN	OON	OOO
	5	OOO	OON	OPN	NPN	OPN	OON	OOO
	6	OOO	NOO	NPO	NPN	NPO	NOO	OOO
	7	OOO	NOO	NPO	NPP	NPO	NOO	OOO
	8	OOO	NOO	NOP	NPP	NOP	NOO	OOO
	9	OOO	NOO	NOP	NNP	NOP	NOO	OOO
	10	OOO	ONO	ONP	NNP	ONP	ONO	OOO
	11	OOO	ONO	ONP	PNP	ONP	ONO	OOO
	12	OOO	ONO	PNO	PNP	PNO	ONO	OOO
$i_{cir} < 0$	1	OOO	POO	PNO	PNN	PNO	POO	OOO
	2	OOO	POO	PON	PNN	PON	POO	OOO
	3	OOO	POO	PON	PPN	PON	POO	OOO
	4	OOO	POO	OPN	PPN	OPN	POO	OOO
	5	OOO	OPO	OPN	NPN	OPN	OPO	OOO
	6	OOO	OPO	NPO	NPN	NPO	OPO	OOO
	7	OOO	OPO	NPO	NPP	NPO	OPO	OOO
	8	OOO	OPO	NOP	NPP	NOP	OPO	OOO
	9	OOO	OOP	NOP	NNP	NOP	OOP	OOO
	10	OOO	OOP	ONP	NNP	ONP	OOP	OOO
	11	OOO	OOP	ONP	PNP	ONP	OOP	OOO
	12	OOO	OOP	PNO	PNP	PNO	OOP	OOO

기존 SVM과 비교하면 각 벡터의 인가 시간이 상이하고, 각 섹터에서 사용하는 스위칭 상태에 차이가 있다. 기존 SVM에서는 Zero 벡터를 사용하지 않고, Small 벡터도 CMV나 순환 전류를 고려하지 않기 때문에, CMV의 크기에 의해 순환 전류가 크게 발생한다. 반면에 LMSZVM을 적용할 경우에는 CMV의 크기가 작아 순환 전류를 억제한다.

기존 SVM과 LMSZVM 기법은 병렬 인버터 시스템에서 전압 벡터를 제어하는 방식에서 큰 차이를 보인다. 특히, 각 벡터의 인가 시간과 스위칭 상태의 선택에 있어 두 기법의 차이가 두드러진다. 기존 SVM에서는 전압 벡터를 선택할 때 주로 출력 전압을 생성하기 위한 최적의 벡터 조합을 고려하며, 그 과정에서 Zero 벡터를 거의 사용하지 않는다. 또한, CMV나 순환 전류를 억제하기 위한 추가적인 조치를 고려하지 않기 때문에, 병렬 인버터 시스템에서 발생하는 순환 전류가 크고 이는 시스템 성능에 부정적인 영향을 미친다.

기존 SVM의 경우, CMV의 크기가 전압 벡터에 따라 크게 변동한다. CMV의 맥동은 인버터에서 출력되는 전압의 불안정성을 야기하고, 병렬로 연결된 여러 인버터 간에 발생하는 전압 차이는 순환 전류를 증가시키는 주요 원인이다. CMV는 전압 벡터가 클수록 그 크기가 커지기 때문에, 병렬 인버터 시스템에서는 이러한 CMV의 차이가 더욱 두드러진다. 스위칭 타이밍이 미세하게 어긋나거나, 각 인버터 모듈 간의 파라미터 차이로 인해 발생하는 불균형이 커질 경우, 순환 전류가 발생하여 시스템의 에너지 손실과 효율 저하 등을 초래한다.

반면, LMSZVM은 이러한 문제를 해결하기 위해 설계된 기법으로, 주로 CMV를 억제하는 데 중점을 두고 있다. LMSZVM은 CMV가 크게 변동하지 않도록 Zero 벡터와 Medium 벡터를 적절히 조합하여 스위칭 상태를 선택하며, 이를 통해 CMV의 크기를 최소화한다. 특히, LMSZVM에서는 기존 SVM에서 고려되지 않았던 CMV의 변동성을 줄이기 위해 각 벡터의 인가 시간을 세밀하게 제어하며, 이를 통해 순환 전류를 효과적으로 억제할 수 있다. 뿐만 아니라 기존 SVM에서 스위칭 시퀀스를 변경하였음에도 한 제어 주기동안 스위칭 횟수가 총 6회로 기존 SVM과 전력 손실에 큰 차이가 발생하지 않는다.

지령 전압이 섹터2에 존재할 경우에 Medium 벡터 PNO가 Large 벡터 PNN으로 변경되고, Zero 벡터는 OOO이 그대로 선택된다. 여기서 순환 전류가 0A보다 크면 N형 Small 벡터 OON이 추가된다. 이에 따른 스위칭 시퀀스는 [그림 4.7(a)]와 같고, 이를 직교 좌표계로 나타내면 다음과 같이 표현된다.

$$T_T V_{ref}\begin{bmatrix}\cos\theta_{ref}\\ \sin\theta_{ref}\end{bmatrix} = T_s \frac{V_{dc}}{3}\begin{bmatrix}\cos(0)\\ \sin(0)\end{bmatrix} + T_m \frac{V_{dc}}{\sqrt{3}}\begin{bmatrix}\cos(\pi/6)\\ \sin(\pi/6)\end{bmatrix} + T_l \frac{2V_{dc}}{3}\begin{bmatrix}\cos(0)\\ \sin(0)\end{bmatrix} \tag{4.18}$$

식 (4.18)을 기반으로 각 전압 벡터에 대한 인가 시간은 다음과 같이 계산된다.

$$T_s = T_T T_N \tag{4.19}$$

$$T_m = T_T\left\{\frac{2\sqrt{3}\,V_{ref}\sin(\theta_{ref})}{V_{dc}} - T_N\right\} \tag{4.20}$$

$$T_l = T_T\left\{\frac{3V_{ref}\cos(\theta_{ref})}{2V_{dc}} - \frac{3\sqrt{3}\,V_{ref}\sin(\theta_{ref})}{2V_{dc}} + \frac{T_N}{2}\right\} \tag{4.21}$$

$$T_z = T_T\left\{1 - \frac{T_N}{2} - \frac{3V_{ref}\cos(\theta_{ref})}{2V_{dc}} - \frac{\sqrt{3}\,V_{ref}\sin(\theta_{ref})}{2V_{dc}}\right\} \tag{4.22}$$

여기서 T_N은 N형 Small 벡터의 인가 시간을 나타낸다. 모든 벡터의 인가 시간은 0A 이상이어야 하며, N형 Small 벡터의 인가 시간은 다른 벡터들의 인가 시간에 의해 결정된다. 또한, N형 Small 벡터의 인가 시간에 의해 전압의 극성이 변경되지 않도록 다른 벡터들의 인가 시간 중에서 최소값보다 작게 설정되어 식 (4.23)의 조건을 만족해야 한다.

$$0 \le T_N < \frac{\min(T_l, T_m, T_z)}{T_T} \tag{4.23}$$

반대로 순환 전류가 0A보다 작을 경우에는 P형 Small 벡터 POO, OPO, OOP가 선택되며, P형 Small 벡터를 추가한 스위칭 시퀀스와 CMV의 변동은 [그림 4.7(b)]와 같다. 각 전압 벡터의 인가 시간은 직교 좌표계에서 다음과 같이 계산된다.

$$T_T V_{ref}\begin{bmatrix}\cos\theta_{ref}\\ \sin\theta_{ref}\end{bmatrix} = T_s \frac{V_{dc}}{3}\begin{bmatrix}\cos(\pi/3)\\ \sin(\pi/3)\end{bmatrix} + T_m \frac{V_{dc}}{\sqrt{3}}\begin{bmatrix}\cos(\pi/6)\\ \sin(\pi/6)\end{bmatrix} + T_l \frac{2V_{dc}}{3}\begin{bmatrix}\cos(0)\\ \sin(0)\end{bmatrix} \tag{4.24}$$

$$T_s = T_T T_P \tag{4.25}$$

$$T_m = T_T\left\{\frac{2\sqrt{3}\,V_{ref}\sin(\theta_{ref})}{V_{dc}}\right\} \tag{4.26}$$

$$T_l = T_T\left\{\frac{3\,V_{ref}\cos(\theta_{ref})}{2\,V_{dc}} - \frac{3\sqrt{3}\,V_{ref}\sin(\theta_{ref})}{2\,V_{dc}} - \frac{T_P}{2}\right\} \tag{4.27}$$

$$T_z = T_T\left\{1 - \frac{T_P}{2} - \frac{3\,V_{ref}\cos(\theta_{ref})}{2\,V_{dc}} - \frac{\sqrt{3}\,V_{ref}\sin(\theta_{ref})}{2\,V_{dc}}\right\} \tag{4.28}$$

여기서 T_P는 P형 Small 벡터의 인가 시간을 나타낸다. 모든 벡터의 인가 시간은 0A 이상이어야 하며, P형 Small 벡터의 인가 시간은 다른 벡터들의 인가 시간에 의해 결정된다. 또한, P형 Small 벡터의 인가 시간에 의해 전압의 극성이 변경되지 않도록 다른 벡터들의 인가 시간 중에서 최소값보다 작게 설정되어 식 (4.29)의 조건을 만족해야 한다.

$$0 \le T_P < \frac{\min(T_l, T_m, T_z)}{T_T} \tag{4.29}$$

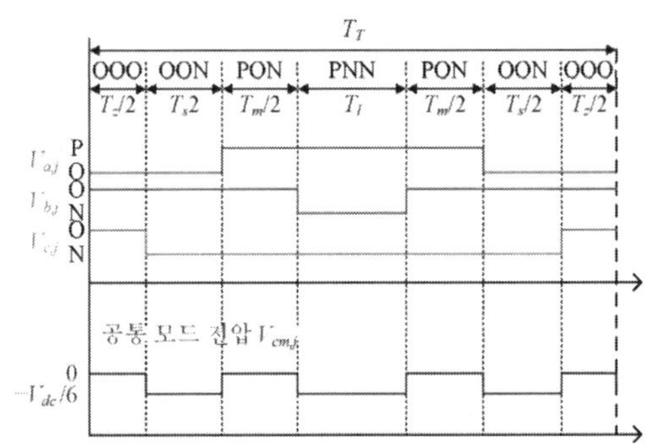

(a) N형 Small 벡터가 인가된 경우

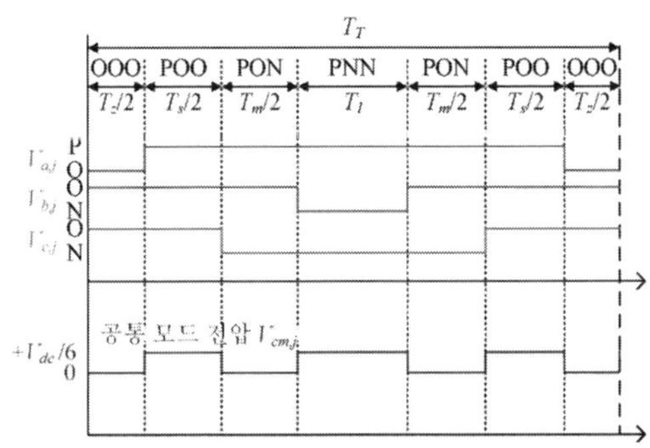

(b) P형 Small 벡터가 인가된 경우

그림 4.7 통합 변조 영역에서의 Small 벡터에 따른 스위칭 시퀀스 및 공통 모드 전압

4.3 시뮬레이션

수정된 스위칭 시퀀스 기반 순환 전류의 억제 기법의 방법의 타당성을 입증하기 위해 다양한 시뮬레이션을 수행하였다. 두 개의 병렬 연결된 인버터는 PSIM 소프트웨어를 사용하여 모델링하였으며, [그림 2.5]에 나타나 있다. 시뮬레이션은 [표 4.4]에 제시된 파라미터로 수행되었다. 직류단 커패시터는 전압 및 전류 리플을 고려하여 1000μF로 설정하였다. 필터 인덕턴스는 각 인버터의 출력 전류 총 고조파 왜곡률(THD)을 5% 이내로 제어하기 위해 1mH, 2mH로 설정하였다. 순환 전류를 줄이기 위해 사용된 스위칭 시퀀스는 출력 전류의 THD에 영향을 미치며, 부하 전류는 순환 전류에 영향을 미치지 않는다. 부하의 인덕턴스와 저항은 각각 2mH와 10Ω으로 설정하여 출력 전류 감소와 역률을 고려하였다. 시스템은 일반적으로 계통 연계형 인버터에 적용되는 단일 역률로 동작하도록 설계되었다. 저주파 순환 전류를 생성하기 위해 각 인버터의 지령 전류를 다르게 설정하였다. 또한, 전체 영역에서 해당 기법의 적용 가능성을 검증하기 위해 변조 지수를 0.67 및 1.03으로 설정하여 두 변조 방법을 동일한 조건에서 비교하였다.

수정된 스위칭 시퀀스 기반의 변조는 기존의 SVM 및 최적화된 ZSV 주입 방식과 비교하여 순환 전류 감소의 타당성을 검증하였다. 최적화된 ZSV 주입 방식은 식 (4.30)을 통해 계산된 인가 시간 동안 영상분 전압을 주입함에 따라 스위칭 시퀀스에 Small 벡터가 추가된다.

$$T_{zvs} = -\frac{2}{V_{dc}}\{(L_1 - T_T R_1)i_{cir} - (L_2 - T_T R_2)i_{cir}\} + (T_{z,1} - T_{z,2}) \tag{4.30}$$

여기서 $T_{z,1}$과 $T_{z,2}$는 인버터1과 인버터2에서 Zero 벡터의 인가 시간을 나타낸다. 계산된 영상분 전압의 인가 시간은 제어 주기마다 계산되며, 순환 전류를 제어하기 위해 인버터 간 통신을 통한 정보 공유가 필요하다.

[표 4.4] 시뮬레이션 및 실험 파라미터

파라미터	값
정격 전력	10 kW
직류단 전압	300 V
직류단 커패시터	1000 μF
스위칭 주파수	10 kHz
필터 인덕턴스	1, 2, 2 mH
부하	10 Ω

[그림 4.8] 및 [그림 4.9]는 변조 지수 및 감소 방법에 따른 3상 출력 전류와 저주파 순환 전류의 파형을 보여준다. 기존 SVM, 최적화된 ZSV 주입 방식 및 수정된 스위칭 시퀀스 변조 방식에서 저주파 순환 전류의 값은 각각 0.67의 변조 지수에서 4.03A, 0.33A 및 0.17A이다. 저주파 순환 전류는 [그림 4.8(a)] 및 [그림 4.8(c)]에서와 같이 기존 SVM과 비교하여 약 95% 감소하였으며, 최적화된 ZSV를 주입하는 방식과 비교하면 순환 전류의 저감율이 약 3.97% 증가하였다. [그림 4.9]는 통합 변조 영역에 포함된 1.03의 변조 지수에서의 저주파 순환 전류를 보여준다. 수정된 스위칭 시퀀스 변조 방법을 사용하여 기존 SVM과 비교했을 때 저주파 순환 전류는 6.11A에서 0.60A로 감소하였다. 수정된 스위칭 시퀀스 변조 방법은 전체 변조 지수에서 저주파 순환 전류를 감소시킨다. 또한, [그림 4.10]은 변조 지수 1.03에서 감소 방법에 따른 순환 전류의 고조파 스펙트럼을 보여준다. 각 방법의 순환 전류는 거의 기본파의 3차 고조파로 구성되어 있다.

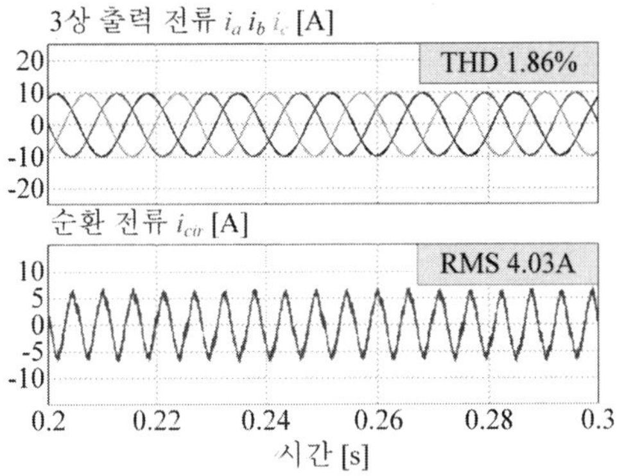

(a) 기존 SVM

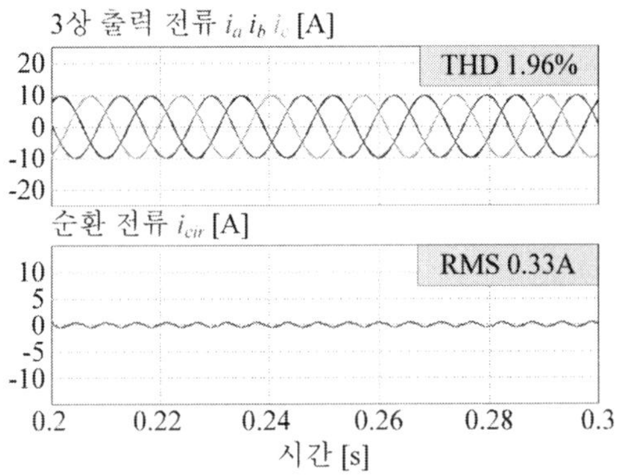

(b) 최적화된 ZSV 주입

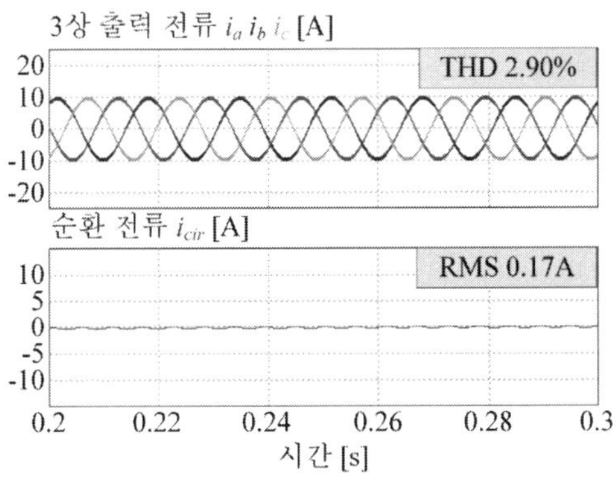

(c) 수정된 스위칭 시퀀스

그림 4.8 3상 출력 전류 및 순환 전류(MI=0.67)

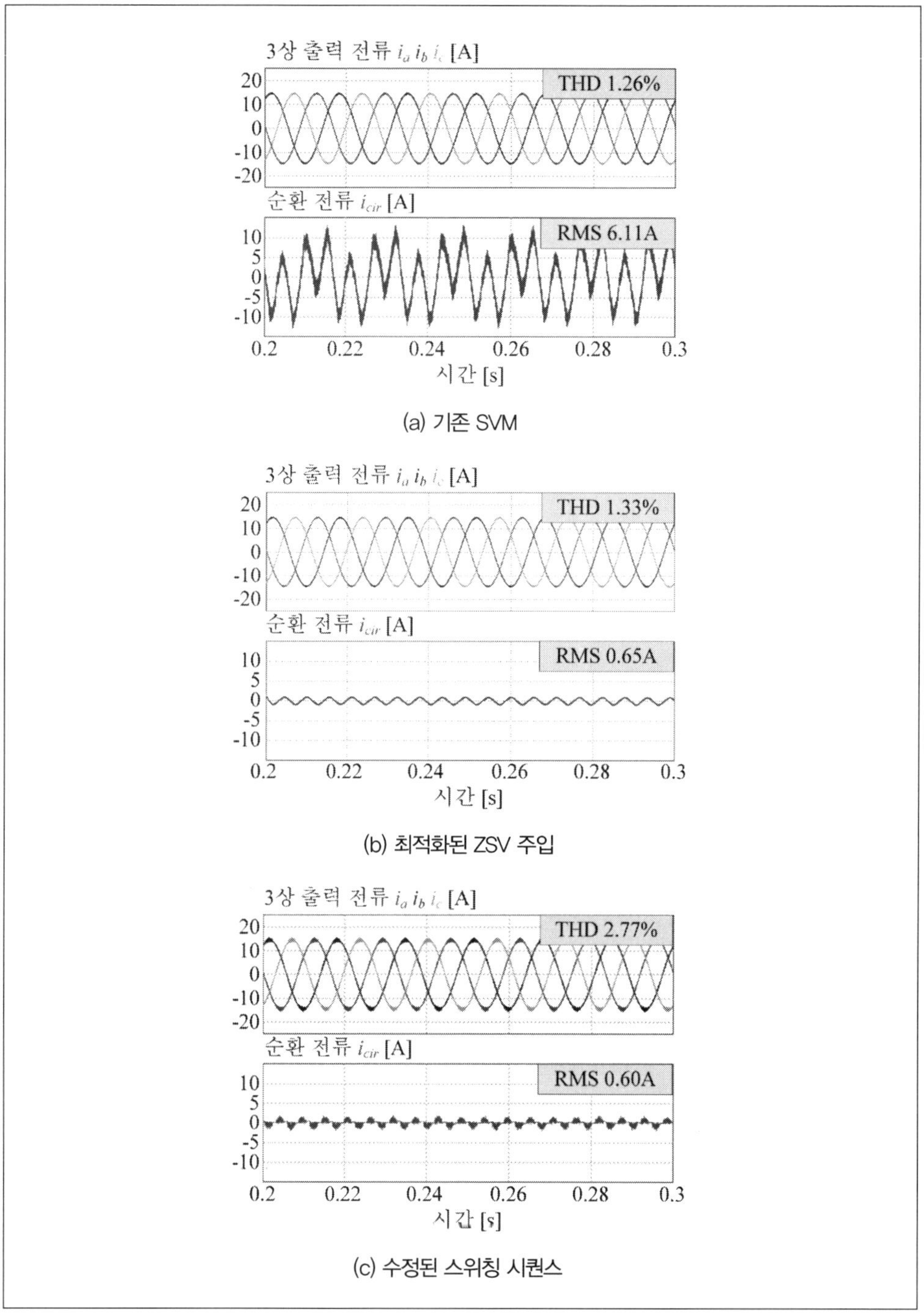

그림 4.9 3상 출력 전류 및 순환 전류(MI=1.03)

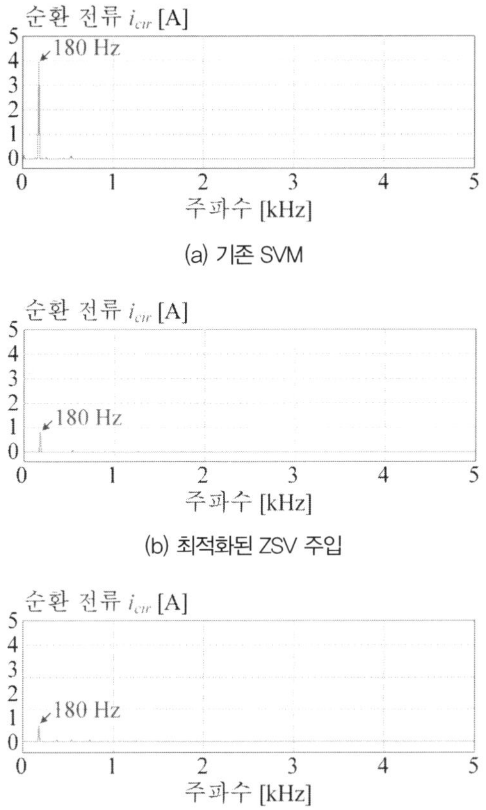

(a) 기존 SVM

(b) 최적화된 ZSV 주입

(c) 수정된 스위칭 시퀀스

그림 4.10 순환 전류의 FFT (MI=1.03)

[그림 4.11]은 각 감소 방법에서의 직류단의 커패시터 전압 및 선간 전압을 보여준다. 기존 SVM 및 최적화된 ZSV 주입 방식에서의 직류단의 전압 리플은 1.26V이다. 반면, 수정된 스위칭 시퀀스 기반의 억제 방법에서는 직류단의 전압 리플이 300V의 1% 미만으로 감소한다. 순환 전류는 인버터 모듈과 필터 사이에서 흐르므로 시스템의 출력에는 영향을 미치지 않는다. 그러나 각 인버터의 스위칭 시퀀스는 CMV 및 누설 전류를 줄여 순환 전류를 제거하도록 변경되었다. 순환 전류의 감소 방법은 출력 전류의 품질과 관련이 있다. 기존 SVM, 최적화된 ZSV 주입 방식 및 수정된 스위칭 시퀀스 기반의 변조 방법의 선간 전압은 5레벨을 갖는다. 수정된 스위칭 스퀀스 기반의 저감 기법을 적용한 결과 [그림 4.11(c)]에 나타난 것과 같이 선간 전압의 형태가 기존 기법과 상이하다. 이는 출력 전류의 품질에 영향을 미치는 요소로 수정된 스위칭 시퀀스 기반의 저감 기법을 적용하였을 때

출력 전류의 THD가 악화됨에 따라 기존 SVM에 비해 선간 전압의 변동이 크게 발생하지만, 5레벨을 유지한다.

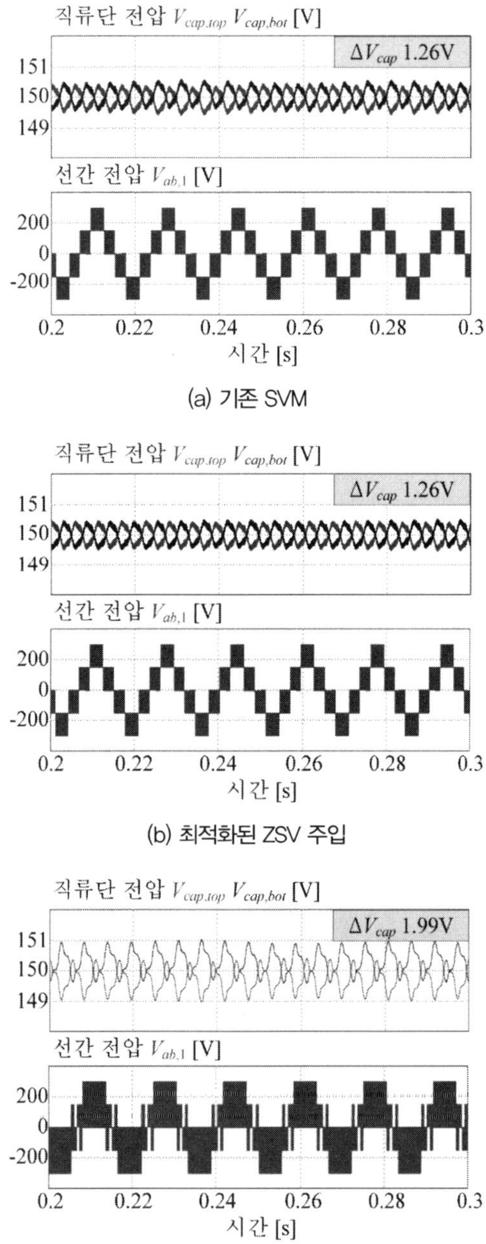

(a) 기존 SVM

(b) 최적화된 ZSV 주입

(c) 수정된 스위칭 시퀀스

그림 4.11 직류단 전압 및 선간 전압(MI=1.03)

[그림 4.12] 및 [그림 4.13]은 변조 지수와 감소 방법에 따른 누설 전류 및 CMV 차이 $V_{cm,d}$의 파형을 보여준다. 기존 SVM 또는 최적화된 ZSV 주입 방법의 CMV 차이는 변조 지수가 0.67일 때 $-V_{dc}/6$에서 $V_{dc}/6$까지의 크기를 가진다. 수정된 스위칭 시퀀스 기반의 저감 방식을 적용한 후, Zero 벡터 및 Medium 벡터에 의해 CMV는 일정하게 유지된다. 변조 지수 1.03에서의 기존 SVM, 최적화된 ZSV 주입 방법 및 수정된 스위칭 시퀀스 기반의 변조 방식의 누설 전류와 CMV 차이는 각각 [그림 4.13]에 나타나 있다. 기존 방법에서의 누설 전류는 1.55A이다. 최적화된 ZSV를 적용한 후 누설 전류는 거의 기존 방법과 동일하다. 반면, 수정된 스위칭 시퀀스 기반의 저감 방법을 적용한 경우에 누설 전류는 변조 지수 1.03에서 0.54A로 감소된다. 변조 지수 1.03에서 기존 SVM과 비교했을 때 CMV의 맥동 값은 1/2로 감소한다. 수정된 스위칭 시퀀스 기반의 저감 기법을 적용함으로 기존 SVM 및 최적화된 영상분 전압을 주입하는 기법과 비교하여 저주파 순환 전류의 저감뿐만 아니라 병렬 인버터의 누설 전류 및 CMV의 저감을 달성하여 시스템의 신뢰성이 향상되었다.

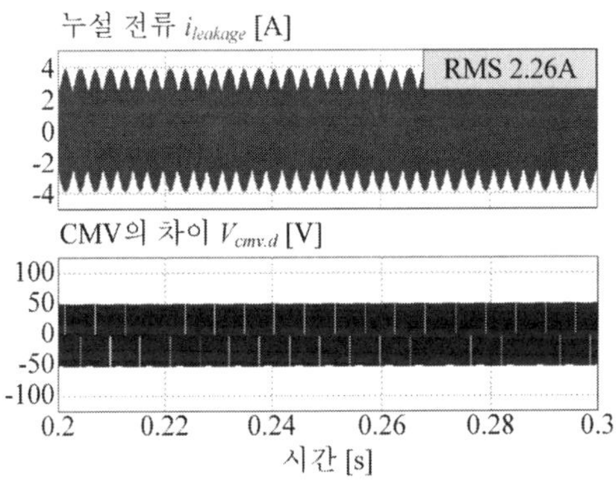

(a) 기존 SVM

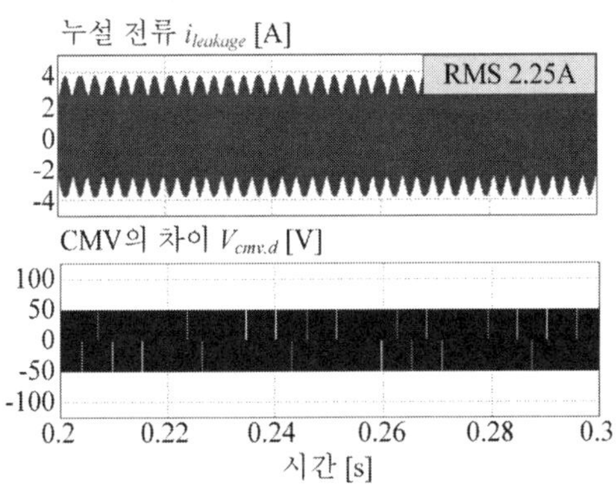

(b) 최적화된 ZSV 주입

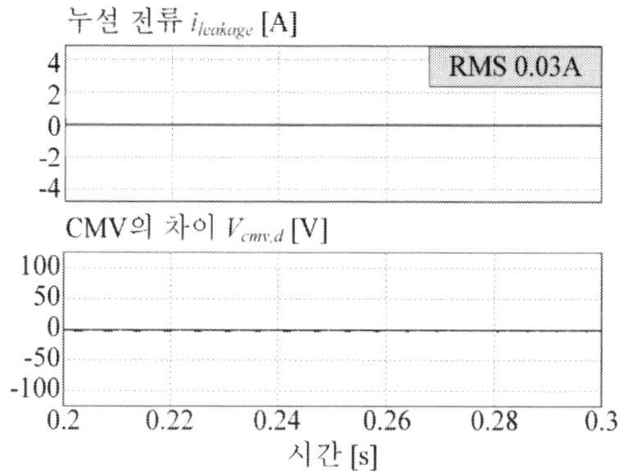

(c) 수정된 스위칭 시퀀스

그림 4.12 누설 전류 및 CMV (MI=0.67)

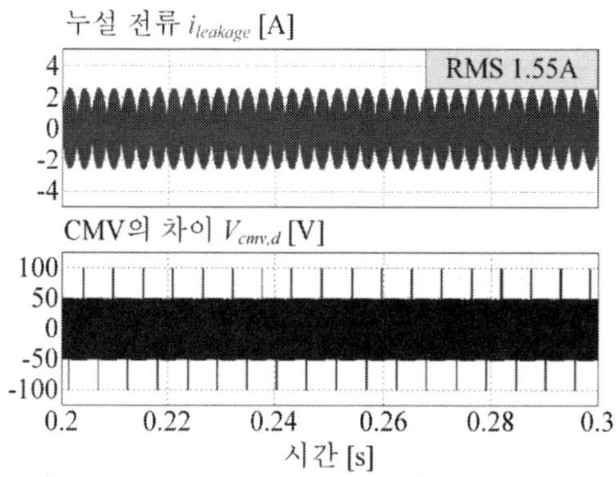

(a) 기존 SVM

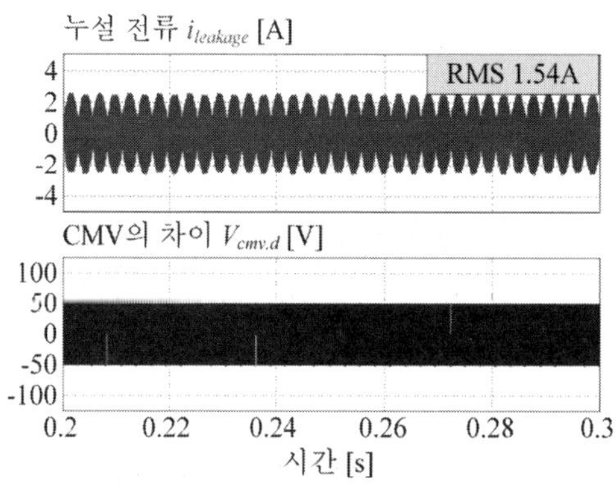

(b) 최적화된 ZSV 주입

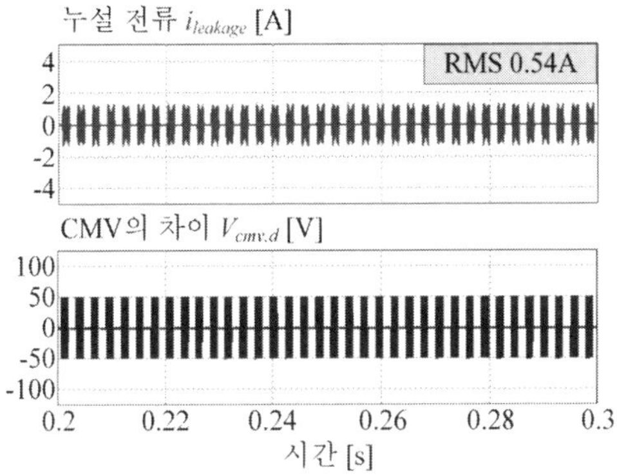

(c) 수정된 스위칭 시퀀스

그림 4.13 누설 전류 및 CMV (MI=1.03)

4.4 실험

수정된 스위칭 시퀀스 기반의 변조 방법을 입증하기 위해 두 개의 병렬 연결된 NPC 인버터 프로토타입을 사용하여 실험을 수행하였다. 실험 설정은 [그림 4.14]에 나타나 있으며, 실험에 사용된 매개변수는 [표 4.4]에 제시된 시뮬레이션 매개변수와 동일하다. Texas Instruments 社의 TMS320R28377S 디지털 신호 프로세서를 사용하여 저감 기법을 적용하였다. 실험 설정에서 Semi Powerex 社의 3레벨 NPC 형태인 SiC MOSFET 모듈이 적용되었으며, CREE 社에서 제조한 게이트 드라이버(CGD12HBMP)가 사용되었다.

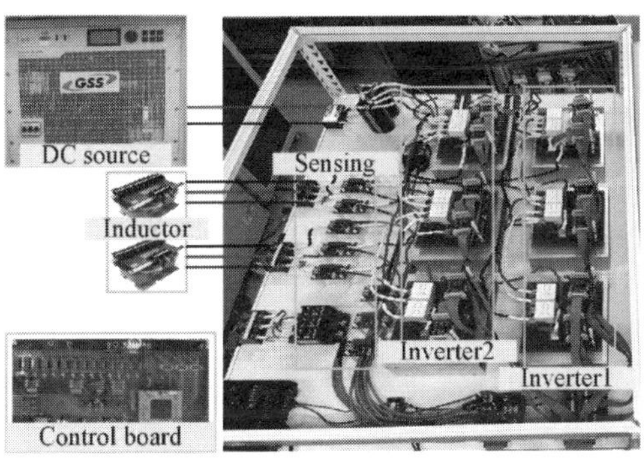

그림 4.14 병렬 인버터 실험 세트

[그림 4.15] 및 [그림 4.16]은 3상의 출력 전류와 저주파 순환 전류의 실험 파형을 보여준다. 실험 결과는 시뮬레이션 결과와 거의 동일하였다. 변조 지수 0.67에서 기존 방법과 비교하여 저주파 순환 전류는 2.05A에서 0.58A로 감소하였으며, 이는 약 72%의 감소를 나타낸다. MI가 1 이하인 경우에는 Medium 벡터 변조를 적용하여 출력 전류의 품질이 저하되었다. 출력 전류의 THD는 2.52%에서 3.78%로 증가하였다. 또한, 변조 지수가 1.03일 때 출력 전류의 THD는 1.76%였으며, 저주파 순환 전류의 실효값은 4.11A였다. 변조 지수 1.03에서 수정된 스위칭 시퀀스 기반의 변조를 적용했을 때, 출력 전류의 THD는 1.76%에서 3.02%로 증가하였으며, 저주파 순환 전류는 4.11A에서 0.84A로 감소하였다.

일반적인 계통 연계 시스템에서는 변조 지수가 스위칭 손실을 최소화하면서 인버터의 출력 전압이 계통 전압과 거의 일치하도록 선택된다. 따라서 계통 연계 인버터는 일반적으로 효율성, 신뢰성 및 시스템의 안정성을 고려하여 0.8에서 0.95 사이의 변조 지수를 사용한다. 본 책에서는 계통 연계형 인버터 시스템을 고려하여 모든 MI에서 순환 전류 저감 기법의 성능을 검증하기 위해 MI 0.67과 MI 1.03에서 실험을 수행하였다. 전압 변조 지수 1.03에서 각 기법들의 효율은 전력분석기를 사용하여 분석하였으며, [표 4.5]에 나타난다. 수정된 스위칭 시퀀스 기반의 순환 전류 저감 기법을 적용한 결과 출력 전류의 THD가 증가하였지만, 출력 전력의 효율은 91.1%에서 92.4%로 증가하여 병렬 인버터 시스템의 효율이 향상되었다.

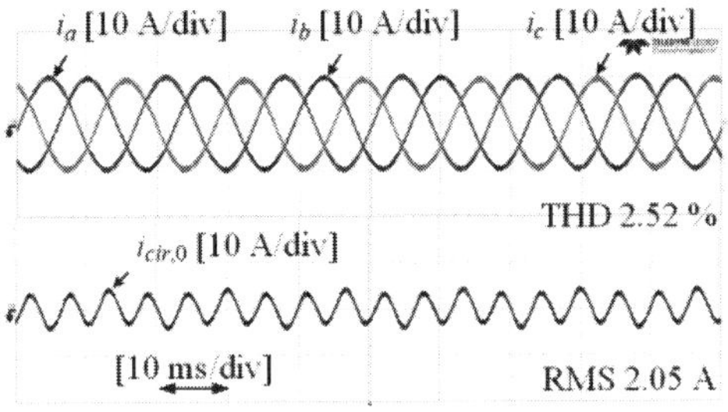

(a) 기존 SVM

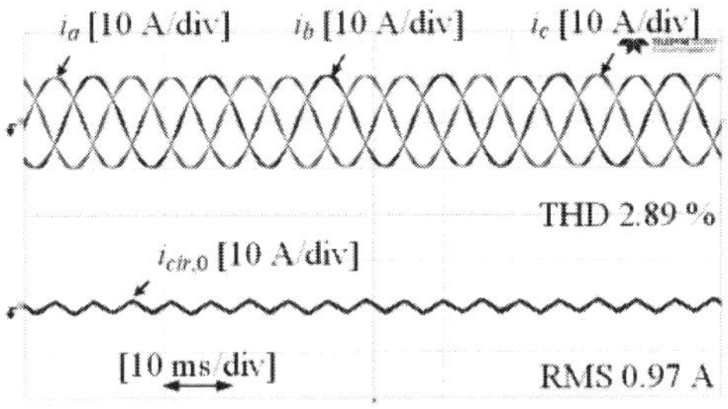

(b) 최적화된 ZSV 주입

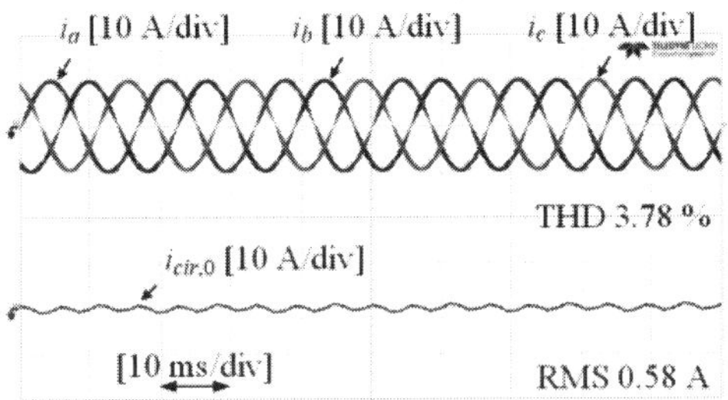

(c) 수정된 스위칭 시퀀스

그림 4.15 3상 출력 전류 및 순환 전류 실험 결과(MI=0.67)

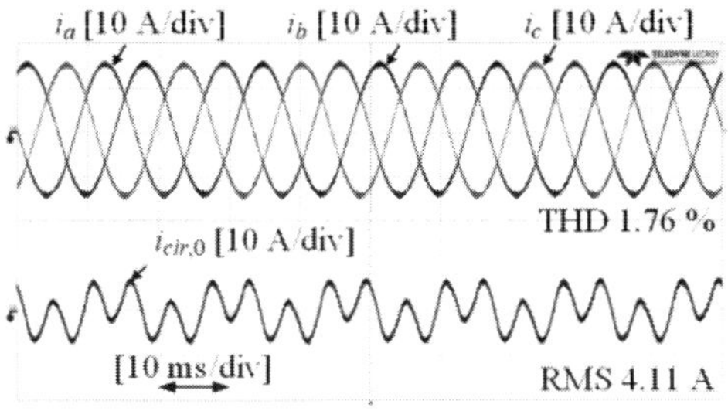

(a) 기존 SVM

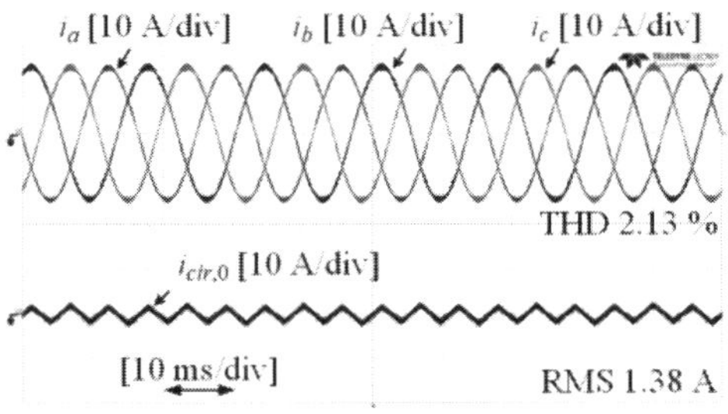

(b) 최적화된 ZSV 주입

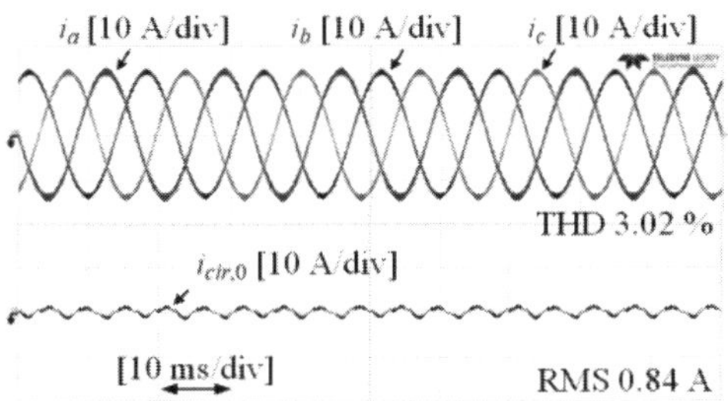

(c) 수정된 스위칭 시퀀스

그림 4.16 3상 출력 전류 및 순환 전류 실험 결과(MI=1.03)

[표 4.5] 순환 전류 저감 기법의 특성 비교

기법	순환 전류	공통 모드 전압의 차이	THD	효율
기존 SVM	4.11A	$\pm V_{dc}/3$	1.76%	91.1%
최적화된 ZSV 주입	1.38A	$\pm V_{dc}/6$	2.13%	92.3%
수정된 스위칭 시퀀스	0.84A	$\pm V_{dc}/6$	3.02%	92.4%

또한, [그림 4.17]은 변조 지수 1.03에서 감소 방법에 따른 저주파 순환 전류의 고조파 스펙트럼을 보여준다. 저주파 순환 전류는 기본파 주파수인 60Hz의 3차 고조파 형태로 발생하며 180Hz를 갖는다. 수정된 스위칭 시퀀스 기반의 순환 전류 억제 기법을 적용한 결과 3차 고조파가 약 71.6% 감소되었다. 각 감소 방법에서의 직류단 전압의 리플은 [그림 4.18]에 나타나 있다. 기존 SVM 및 최적화된 ZSV 주입 기법에서의 직류단 전압의 리플은 1.41V이다. 수정된 스위칭 시퀀스 기반의 감소 방법에서의 직류단 전압의 리플은 2.83V이다. 기존 SVM, 최적화된 ZSV 주입 및 제안된 방법의 선간 전압은 5레벨이며, [그림 4.19]에 나타나 있다.

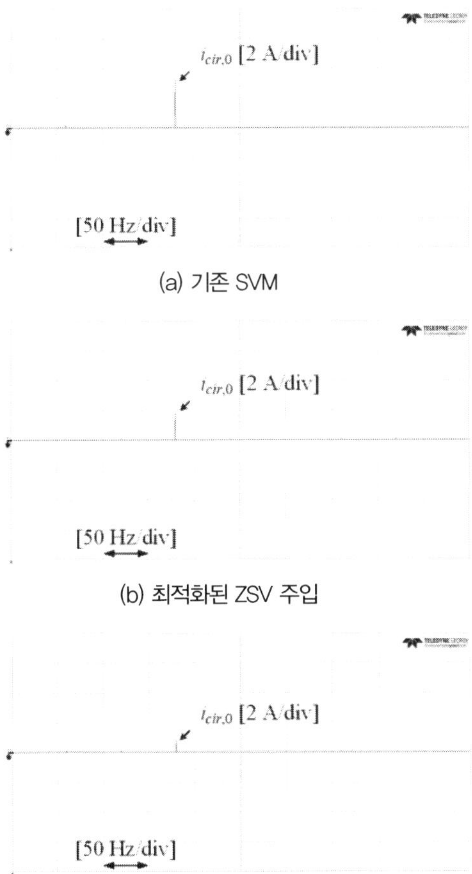

(a) 기존 SVM

(b) 최적화된 ZSV 주입

(c) 수정된 스위칭 시퀀스

그림 4.17 순환 전류의 FFT 실험 결과(MI=1.03)

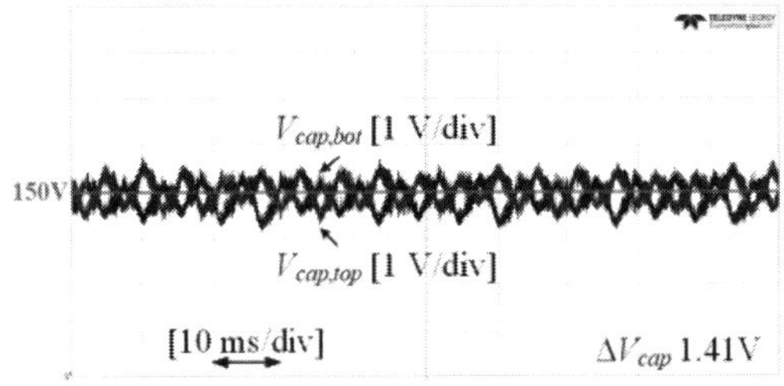

(a) 기존 SVM

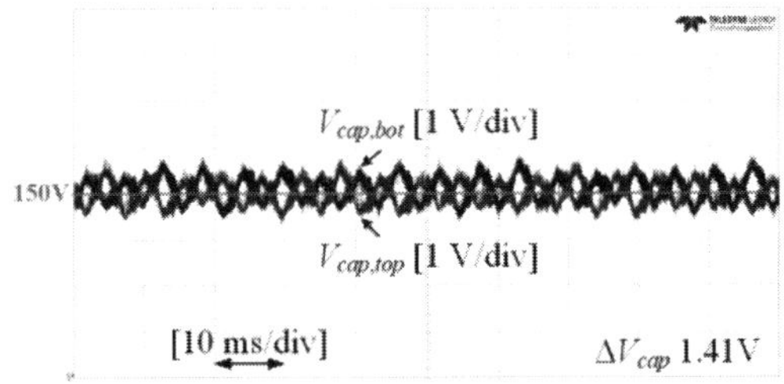

(b) 최적화된 ZSV 주입

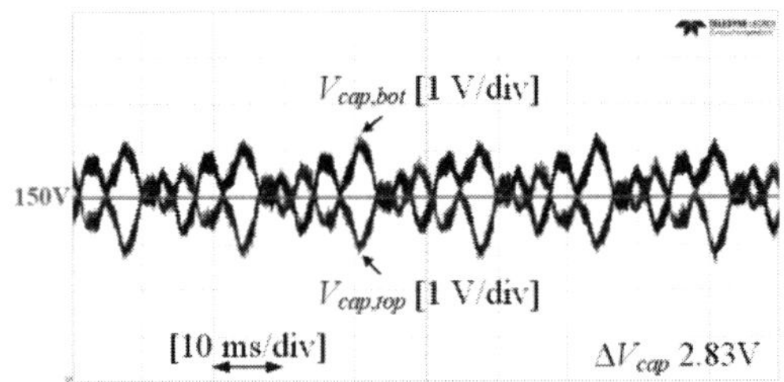

(c) 수정된 스위칭 시퀀스

그림 4.18 직류단 전압 실험 결과(MI=1.03)

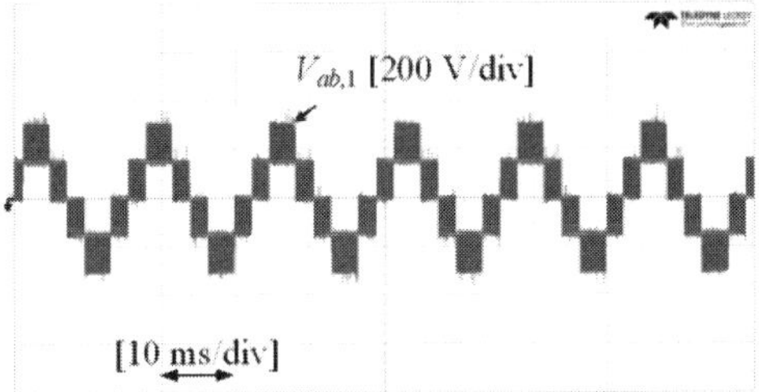

(a) 기존 SVM

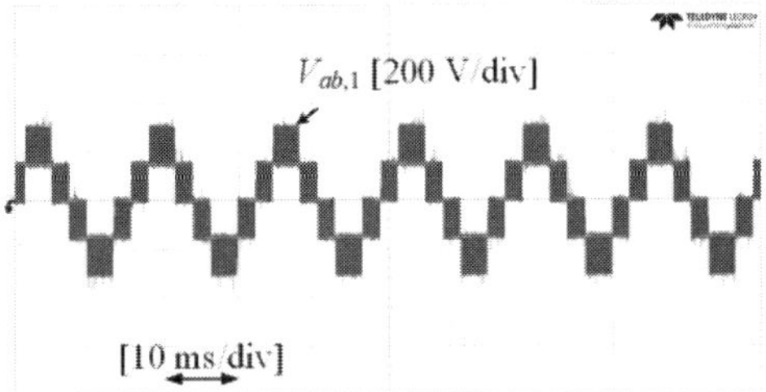

(b) 최적화된 ZSV 주입

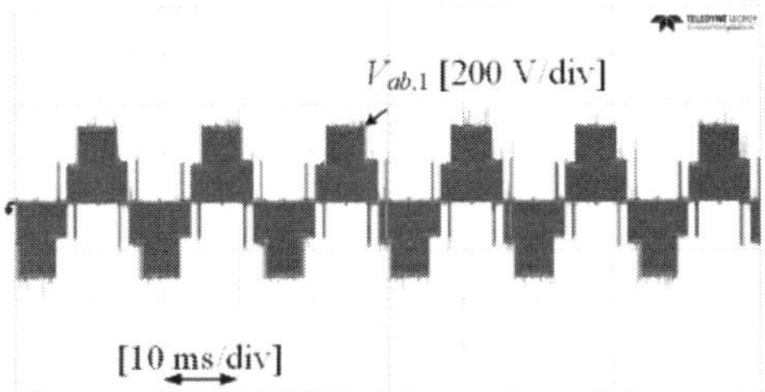

(c) 수정된 스위칭 시퀀스

그림 4.19 선간 전압 실험 결과(MI=1.03)

4.5 참고문헌

[1] Y. Choi, H. H. Choi, and J. Jung, "Feedback Linearization Direct Torque Control With Reduced Torque and Flux Ripples for IPMSM Drives," *IEEE Trans. Power Electron.*, vol. 31, no. 5, pp. 3728-3737, May 2016.

[2] M. H. Vafaie, B. Mirzaeian Dehkordi, P. Moallem, and A. Kiyoumarsi, "A New Predictive Direct Torque Control Method for Improving Both Steady-State and Transient-State Operations of the PMSM," *IEEE Trans. Power Electron.*, vol. 31, no. 5, pp. 3738-3753, May 2016.

[3] G. Wang, L. Yang, B. Yuan, B. Wang, G. Zhang, and D. Xu, "Pseudo-Random High-Frequency Square-Wave Voltage Injection Based Sensorless Control of IPMSM Drives for Audible Noise Reduction," *IEEE Trans. Ind. Electron.*, vol. 63, no. 12, pp. 7423–7433, Dec. 2016.

[4] M. Habibullah, D.D.-C. Lu, D. Xiao, and M. F. Rahman, "Finite-State Predictive Torque Control of Induction Motor Supplied from a Three-Level NPC Voltage Source Inverter," *IEEE Trans. Power Electron.*, vol. 32, no. 1, pp. 479–489, Jan. 2017.

[5] I. Takahashi and T. Noguchi, "A New Quick-Response and High-Efficiency Control Strategy of an Induction Motor," *IEEE Trans. Ind. Appl.*, vol. IA-22, no. 5, pp. 820–827, Sept. 1986.

[6] K.-B. Lee, J.-H. Song, I. Choy, and J.-Y. Yoo, "Torque ripple reduction in DTC of induction motor driven by three-level inverter with low switching frequency," *IEEE Trans. Power Electron.*, vol. 17, no. 2, pp. 255–264, Mar. 2002.

[7] L. Romeral, A. Arias, E. Aldabas, and M. Jayne, "Novel direct torque control (DTC) scheme with fuzzy adaptive torque-ripple reduction," *IEEE Trans. Ind. Electron.*, vol. 50, no. 3, pp. 487–492, Jun. 2003.

[8] Y. Zhang and J. Zhu, "Direct torque control of permanent magnet synchronous motor with reduced torque ripple and commutation frequency," *IEEE Trans. Power Electron.*, vol. 26, no. 1, pp. 235–248, Jan. 2011.

[9] Y. Zhang and J. Zhu, "A novel duty cycle control strategy to reduce both torque and flux ripples for DTC of permanent magnet synchronous motor drives with switching frequency reduction," *IEEE Trans. Power Electron.*, vol. 26, no. 10, pp. 3055–3067, Oct. 2011.

[10] L. Tang, L. Zhong, M. Rahman, and Y. Hu, "A novel direct torque controlled interior permanent magnet synchronous machine drive with low ripple in flux and torque and fixed switching frequency," *IEEE Trans. Power Electron.*, vol. 19, no. 2, pp. 346–354, Mar. 2004.

[11] K.-B. Lee and F. Blaabjerg, "An improved DTC-SVM method for sensorless matrix converter drives using an overmodulation and simple non-linearity compensation," *IEEE Trans. Ind. Electron.*, vol. 54, no. 6, pp. 3155–3166, Dec. 2007.

[12] K.-B. Lee and F. Blaabjerg, "Sensorless DTC-SVM for induction motor driven by a matrix converter using a parameter estimation strategy," *IEEE Trans. Ind. Electron.*, vol. 55, no. 2, pp. 512–521, Feb. 2008.

[13] F. Niu, B. Wang, A. S. Babel, K. Li, and E. G. Strangas, "Comparative evaluation of direct torque control strategies for permanent magnet synchronous machines," *IEEE Trans. Power Electron.*, vol. 31, no. 2, pp. 1408–1424, Feb. 2016.

[14] G. H. B. Foo, T. Ngo, X. Zhang, and M. F. Rahman, "SVM direct torque and flux control of three-level simplified neutral point clamped inverter fed interior PM synchronous motor drives," *IEEE/ASME Trans. Mechatron.*, vol. 24, no. 3, pp. 1376–1385, Jun. 2019.

[15] K.-B. Lee and F. Blaabjerg, "An improved direct torque control for sensorless matrix converter drives with constant switching frequency and torque ripple reduction," *Int. J. Control, Autom., Syst.*, vol. 4, no. 1, pp. 113–123, Feb. 2006.

[16] Y. Zhang, J. Zhu, W. Xu, and Y. Guo, "A simple method to reduce torque ripple in direct torque-controlled permanent-magnet synchronous motor by using vectors with variable amplitude and angle," *IEEE Trans. Ind. Electron.*, vol. 58, no. 7, pp. 2848–2859, Jul. 2011.

[17] K.-K. Shyu, J.-K. Lin, V.-T. Pham, M.-J. Yang, and T.-W. Wang, "Global minimum torque ripple design for direct torque control of induction motor drives," *IEEE Trans. Ind. Electron.*, vol. 57, no. 9, pp. 3148–3156, Sep. 2010.

[18] B. Chikondra, U. R. Muduli and R. K. Behera, "Improved DTC technique for THL-NPC VSI fed five-phase induction motor drive based on VVs assessment over a wide speed range," *IEEE Trans. Power Electron.*, vol. 37, no. 2, pp. 1972–1981, Feb. 2022.

[19] D. Mohan, X. Zhang, and G. H. B. Foo, "Generalized DTC strategy for multilevel inverter fed IPMSMs with constant inverter switching frequency and reduced torque ripples," *IEEE Trans. Energy Convers.*, vol. 32, no. 3, pp. 1031–1041, Sept. 2017.

[20] M. Habibullah, D. D. C. Lu, D. Xiao, and M. F. Rahman, "A simplified finite-state predictive direct torque control for induction motor drive," *IEEE Trans. Ind. Electron.*, vol. 63, no. 6, pp. 3964–3975, Jun 2016.

[21] A. A. Ahmed, B. K. Koh, H. S. Park, K. -B. Lee, and Y. I. Lee, "Finite-control set model predictive control method for torque control of induction motors using a state tracking cost index", *IEEE Trans. Ind. Electron.*, vol. 64, no. 3, pp. 1916–1928, Mar. 2017.

[22] H. Zhu, X. Xiao, and Y. Li, "Torque ripple reduction of the torque predictive control scheme for permanent-magnet synchronous motors," *IEEE Trans. Ind. Electron.*, vol. 59, no. 2, pp. 871–877, Feb. 2012.

[23] Y. Cho, K.-B. Lee, J.-H. Song, and Y. I. Lee, "Torque-Ripple minimization and fast dynamic scheme for torque predictive control of permanent-magnet synchronous motors," *IEEE Trans. Power Electron.*, vol. 30, no. 4, pp. 2182–2190, Apr. 2015.

[24] L. A. Adase, I. M. Alsofyani, and K.-B. Lee, "Predictive torque control with simple duty-ratio regulator of PMSM for minimizing torque and flux ripples," *IEEE Access*, vol. 8, pp. 2373–2381, 2020.

[25] D. Sun, J. Su, C. Sun, and H. Nian, "A simplified MPFC with capacitor voltage offset suppression for the four-switch three-phase inverter-fed PMSM drive," *IEEE Trans. Ind. Electron.*, vol. 66, no. 10, pp. 7633–7642, Oct. 2019.

[26] L. Yan, F. Wang, P. Tao, and K. Zuo, "Robust predictive torque control of permanent magnet synchronous machine using discrete hybrid prediction model," *IEEE Trans. Energy Convers.*, vol. 35, no. 4, pp. 2240–2248, Dec. 2020.

[27] M. H. Vafaie, B. Mirzaeian Dehkordi, P. Moallem, and A. Kiyoumarsi, "Minimizing torque and flux ripples and improving dynamic response of PMSM using a voltage vector with optimal parameters," *IEEE Trans. Ind. Electron.*, vol. 63, no. 6, pp. 3876–3888, Jun. 2016.

[28] M. H. Vafaie, "Performance improvement of permanent-magnet synchronous motor through a new online predictive controller," *IEEE Trans. Energy Convers.*, vol. 34, no. 4, pp. 2258–2266, Dec. 2019.

[29] M. H. Vafaie and B. M. Dehkordi, "Minimising power losses and torque ripples of permanent-magnet synchronous motor by parallel execution of a two-stage predictive control system," *IET Power Electron.*, vol. 13, no. 16, pp. 3590–3600, Dec. 2020.

[30] S.-H. Kim, Electric Motor Control: DC, AC, and BLDC Motors. Elsevier, Amsterdam, Netherlands, 2017.

[31] K.-B. Lee and J.-S. Lee, Reliability Improvement Technology for Power Converters, Springer, Singapore, 2017.

[32] J. O. Estima and A. J. M. Cardoso, "Efficiency analysis of drive train topologies applied to electric/hybrid vehicles," *IEEE Trans. Veh. Technol.*, vol. 61, no. 3, pp. 1021–1031, 2012.

[33] K. K. Prabhakar, U. R. Chinthakunta, A. K. Singh, and P. Kumar, "Efficiency and performance analysis of DTC-based IM drivetrain using variable DC-link voltage for electric vehicle applications," *IET Electr. Syst. Transp.*, vol. 8, no. 3, pp. 205–214, Sep. 2018.

[34] Y. Yang, Q. He, C. Fu, S. Liao, and P. Tan, "Efficiency improvement of permanent magnet synchronous motor for electric vehicles," *Energies*, vol. 213, pp. 118859, 2020.

[35] S. S. Hakami, I. M. Alsofyani, and K.-B. Lee, "Torque Ripple Reduction and Flux-Droop Minimization of DTC with Improved Interleaving CSFTC of IM Fed by Three-Level NPC Inverter," *IEEE Access*, vol. 7, pp. 184266–184275, 2019.

CHAPTER 05

인터리빙 기반 DPWM을 통한 순환 전류의 억제 방안

이 장에서는 병렬 3레벨 인버터에서 고주파 순환 전류를 억제하기 위해 수정된 인터리빙 DPWM 기법을 설명한다. 이 기법은 기존의 인터리빙 DPWM 방식에서 발생하는 고주파 순환 전류 문제를 해결하기 위해 개발되었다. 우선, 병렬 인버터 시스템에서 인터리빙 기법과 DPWM 방식을 결합할 경우의 스위칭 시퀀스를 분석하고, 이때의 CMV의 차이를 계산한다. 각 인버터가 동일한 전력 공급을 공유하는 상황에서, 서로 다른 스위칭 시퀀스가 고주파 순환 전류를 발생시킬 수 있다.

이러한 문제를 해결하기 위해, 기존의 스위칭 시퀀스를 수정하고, 새로운 스위칭 시퀀스를 적용하여 고주파 순환 전류를 효과적으로 억제한다. 또한 수정된 스위칭 시퀀스를 5레벨의 공간 벡터도에서 표현하고, 각 구간에서 선택되는 전압 벡터 및 스위칭 상태와 순환 전류가 인가되는 시간을 계산한다. 이 과정에서 전압 변조 지수에 따른 인버터의 효율을 분석하고, 전압 변조 지수가 높을 경우에 효율이 더 개선됨을 확인하다. 이러한 분석을 통해 수정된 인터리빙 DPWM 기법을 적용하여 병렬 인버터의 효율을 개선하면서 고주파 순환 전류를 크게 저감함을 보여준다.

마지막으로, 인터리빙 기반의 DPWM을 통한 순환 전류 억제 기법의 효과를 입증하기 위해 시뮬레이션과 실험을 통해 성능을 검증한다. 시뮬레이션에서는 다양한 MI와 부하 조건에서 고주파 순환 전류의 억제 효과를 확인하고, 실험을 통해 실제 환경에서의 성능을 측정하여 순환 전류 억제 기법의 실효성을 입증한다.

5.1 병렬 인버터에서 기존의 불연속 변조 방식

인버터의 성능을 최적화하기 위해 다양한 PWM 기법이 사용된다. 그 중에서 SVM은 고성능 인버터 시스템에서 널리 사용되는 대표적인 방식이다. SVM은 3상 인버터의 전압 벡터를 최적의 위치에 배치하여 스위칭하는 방식으로, 출력 전압의 왜곡을 최소화하고 전압 이용률을 극대화할 수 있다. SVM은 SPWM과 비교하여 더 높은 전압 이용률을 제공하며, 다양한 전압 벡터를 사용하여 인버터의 출력 전압을 최적화한다. 이를 통해 인버터의 출력 전압의 THD를 낮추고, 전력 품질을 높이는 데 기여한다.

그러나 SVM 방식은 높은 전압 품질과 효율을 달성하는 데 유리하지만, 복잡한 스위칭 알고리즘이 필요하고, 한 제어 주기마다 스위칭이 필요하다. 이는 전력 반도체의 스위칭 손실을 증가시키고, 시스템의 열 관리 문제를 유발할 수 있다. 특히, 고주파 스위칭으로 인한 전력 손실은 시스템의 효율을 저하시킬 수 있으며, 장기적으로는 전력 반도체의 수명에도 부정적인 영향을 미칠 수 있다. 따라서 SVM 방식은 출력 전압 품질을 극대화하는 데는 유리하지만, 전력 손실 측면에서는 개선이 필요한 부분이 있다.

이와 같은 문제를 해결하기 위해, DPWM 방식이 제안되었다. DPWM은 특정 구간에서 스위칭을 하지 않도록 클램프 구간을 가지는 변조 방식으로, 스위칭 손실을 줄이는 것을 목표로 한다. DPWM 방식에서는 인버터의 한 상이 특정 시간 동안 고정된 전압 상태($+V_{dc}/2$ 또는 $-V_{dc}/2$)로 유지된다. 이를 통해 스위칭 횟수가 감소하고, 스위칭 손실이 줄어들게 된다. 이는 특히 인버터의 출력 전류가 최고 또는 최저 값을 가질 때 스위칭 손실이 큰 상황에서 매우 유용하다.

DPWM의 또 다른 장점은 스위칭 주파수를 낮춤으로써 EMI를 줄일 수 있다는 점이다. 스위칭 손실을 줄이면서 EMI를 감소시키는 이점으로 인해 DPWM은 스위칭 손실을 최소화하고 시스템의 신뢰성을 높여야 하는 저전력 또는 열 관리가 중요한 응용 분야에서 많이 사용된다. 또한, DPWM은 복잡한 제어 알고리즘을 필요로 하지 않기 때문에 구현이 상대적으로 간단하고, 시스템의 복잡성을 증가시키지 않으면서도 효율적인 에너지 관리를 가능하게 한다.

클램프되는 구간에 따라 여러 가지 불연속 변조 기법이 존재하지만, 단일 역률 시스템에서는 일반적으로 [그림 5.1]과 같은 60° DPWM이 적용된다. 60° DPWM은 인버터의 특정 상을 60° 동안 클램프하여 스위칭 손실을 최소화하면서도 비교적 간단하게 구현할 수 있다는 장점을 가진다.

3상 인버터의 지령 전압은 정현파와 같으며 아래와 같이 표현된다.

$$V_{ref,a,j} = V_{ref}\cos(\omega t) \tag{5.1}$$

$$V_{ref,b,j} = V_{ref}\cos(\omega t - 2\pi/3) \tag{5.2}$$

$$V_{ref,c,j} = V_{ref}\cos(\omega t + 2\pi/3) \tag{5.3}$$

여기서 V_{ref}는 지령 전압의 크기이다. 기존의 60° DPWM이 적용될 경우에 클램프되는 구간을 생성하기 위하여 지령 전압에 옵셋을 추가하여 새로운 지령 전압을 아래와 같이 계산한다.

$$V_{DPWM,ref,x,j} = V_{ref,x,j} + V_{DPWM,j} \tag{5.4}$$

여기서 옵셋 전압 VDPWM,j는 3상 지령 전압의 최대값과 최소값을 기반으로 다음과 같이 정의된다.

$$V_{DPWM,j} = \begin{cases} V_{dc}/2 - V_{\max,j}, & (V_{\max} + V_{\min} \geq 0) \\ -V_{dc}/2 - V_{\min,j}, & (V_{\max} + V_{\min} < 0) \end{cases} \tag{5.5}$$

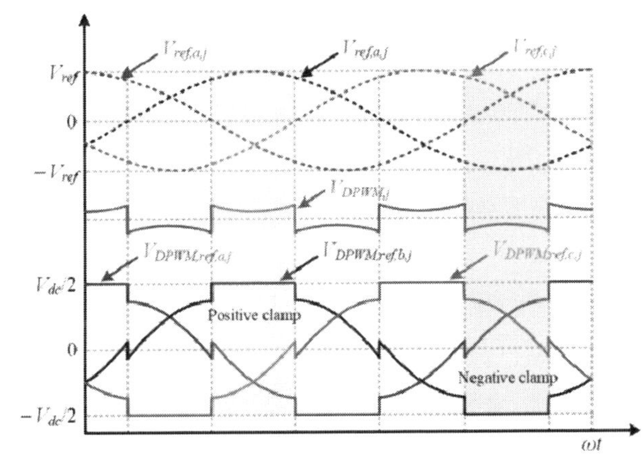

그림 5.1 DPWM의 옵셋 전압 및 지령 전압

여기서 $V_{\max,j}$와 $V_{\min,j}$는 다음과 같이 정의된다.

$$V_{\max,j} = \max(V_{ref,a,j}, V_{ref,b,j}, V_{ref,c,j}) \quad (5.6)$$

$$V_{\min,j} = \min(V_{ref,a,j}, V_{ref,b,j}, V_{ref,c,j}) \quad (5.7)$$

5.2 고주파 순환 전류 억제를 위한 불연속 변조 방식

5.2.1 삼각파의 위상 이동 알고리즘

기존의 인터리빙 PWM 기법은 병렬 연결된 인버터에서 각 인버터를 서로 다른 삼각 반송파와 비교하여 스위칭 상태를 결정하는 방식으로, 전력 분배를 균등하게 하고 전력 효율을 높이는데 목적이 있다. 그러나 이러한 방식은 각 인버터의 CMV 차이를 유발하여 고주파 순환 전류를 발생시키며, 이로 인해 시스템의 전력 손실이 증가하고, 전력 반도체의 열적 스트레스가 높아질 수 있다.

예를 들어, [그림 5.2(a)]와 같이 인버터 1은 삼각 반송파 1과 비교하여 스위칭 상태를 결정하고, 인버터 2는 삼각 반송파 2와 비교하여 스위칭 상태를 결정한다. 3상 지령 전압이 [그림 5.2(a)]와 같을 경우에 인버터 1의 스위칭 시퀀스는 ONN-PNN-PNO-POO-PNO-PNN-ONN 순으로 진행된다. 반면, 인버터 2의 스위칭 시퀀스는 POO-PNO-PNN-ONN-PNN-PNO-POO 순으로 이루어진다. 이때, 스위칭 상태에 따라 두 인버터 사이의 CMV 차이가 발생하게 된다.

예를 들어, 스위칭 상태가 ONN일 때의 Small 벡터에서 CMV는 $-V_{dc}/3$이고, 스위칭 상태가 POO일 때의 Small 벡터에서 CMV는 $V_{dc}/6$이다. 이로 인해 인버터 간 CMV 차이는 $-V_{dc}/2$가 발생하며, 이는 병렬 인버터 시스템에서 고주파 순환 전류를 유발하는 주된 원인이 된다. 결과적으로, 기존의 인터리빙 PWM을 적용할 경우 병렬로 연결된 인버터 간 CMV 차이의 변동이 $\pm V_{dc}/2$에 이르게 되며, 이로 인해 고주파 순환 전류가 크게 발생하게 된다.

이러한 고주파 순환 전류는 시스템의 전력 손실을 증가시키고, 전력 반도체의 열적 스트레스를 높여 시스템의 신뢰성을 저하시킬 수 있다. 또한, 이러한 순환 전류는 인버터 내부의 소자와 회로에 불필요한 부하를 가하며, 장기적으로는 시스템의 수명을 단축시킬 수 있다. 따라서 기존의 인터리빙 PWM 기법을 사용할 때는 이러한 고주파 순환 전류 문제를 충분히 고려해야 하며, 이를 억제하기 위한 추가적인 설계가 필요하다.

기존 SVM에서 인버터 1은 삼각 반송파 1만 사용하고, 인버터 2는 삼각 반송파 2만 사용하는 것으로 고정되어 있다. 이에 따라 공통 모드 전압의 차이가 최대일 때, 순환 전류가 급격히 증가한다. [그림 5.2(b)]는 수정된 인터리빙 DPWM에서 공통 모드 전압의 차이와 순환 전류를 나타낸다. 수정된 인터리빙 DPWM에서 고주파 순환 전류를 억제하는 원리는 공통 모드 전압의 차이를 최대로 발생시키는 스위칭 시퀀스를 가변하여 공통 모드 전압의 차이를 저감하는 것이다. 수정된 인터리빙 DPWM은 고주파 순환 전류를 줄이기 위해 삼각 반송파의 위상 이동 알고리즘을 적용하며, 병렬 인버터에서 CMV의 차이 및 순환 전류는 [그림 5.2(b)]와 같이 저감된다.

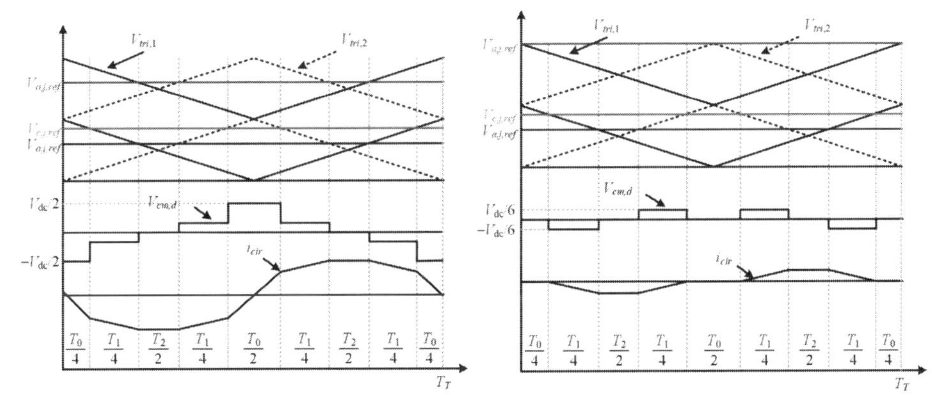

(a) 인터리빙 SVM (b) 수정된 인터리빙 DPWM

그림 5.2 변조 기법별 공통 모드 전압 및 순환 전류의 생성 과정

60° DPWM 방식은 상 전류의 피크에서 스위칭 손실을 줄이기 위해 적용된다. a상의 지령 전압은 [그림 5.3]의 섹터 1,2,7,8에서 상하로 클램프된다. 섹터 1 또는 섹터 2인 경우에는 a상의 지령 전압이 + $V_{dc}/2$로 클램프되고, 섹터 7 또는 섹터 8인 경우에는 a상 지령 전압이 - $V_{dc}/2$로 클램프된다. b상과 c상의 지령 전압도 각각 a상과 같은 방식으로 클램프된다.

전압 한 주기 동안 각 섹터에 따른 지령 전압과 삼각 반송파를 나타내면 [그림 5.4]와 같다. 삼각 반송파는 기존의 삼각파 형태와 위상이 180° 이동된 파형으로 두 가지 유형이 있다.

기존 인터리빙 DPWM에서는 인버터 1의 지령 전압이 삼각 반송파 $V_{tri,1}$과 비교되고, 인버터 2의 지령 전압은 위상이 180° 이동된 삼각 반송파 $V_{tri,2}$와 비교된다. 그러나 수정된 인터리빙 DPWM에서는 섹터에 따라 비교되는 삼각 반송파가 가변한다. 이 때, 각 불연속 구간에서는 이전 섹터의 삼각 반송파가 가변하지 않고 그대로 유지된다. 예를 들어, 인버터 1의 섹터 2에서 a상의 지령 전압과 비교되는 삼각 반송파는 이전 섹터에서의 삼각 반송파가 그대로 유지되지만, b상의 지령 전압은 삼각 반송파 1과 비교되고, c상의 지령 전압은 180° 위상이 이동된 삼각 반송파2와 비교된다.

반대로 인버터 2의 지령 전압은 인터리빙 기법이 적용되어 b상의 지령 전압이 삼각 반송파 2와 비교되고, c상의 지령 전압이 삼각 반송파 1과 비교된다.

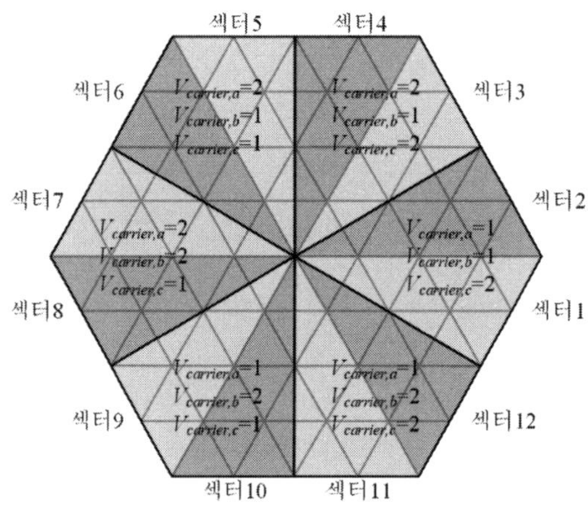

그림 5.3 병렬 인버터의 전압 벡터도 및 섹터에 따른 캐리어 선택

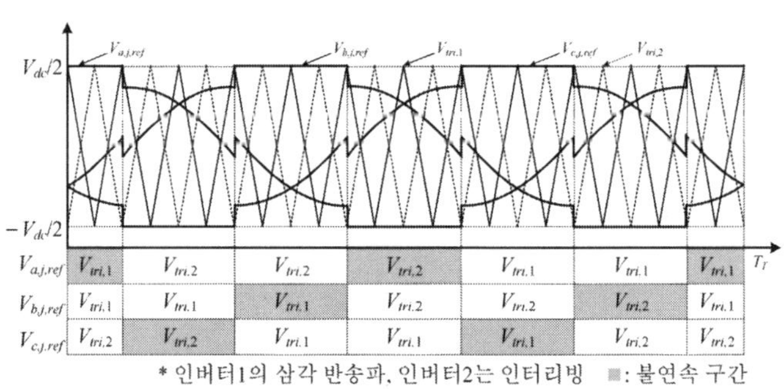

그림 5.4 전압 한 주기동안 인버터1의 지령 전압과 삼각 반송파

[표 2.2]에 나타난 바와 같이, 병렬 인버터는 각 3레벨 인버터의 스위칭 상태에 따라 총 5가지의 전압 레벨을 출력할 수 있다. 이 전압 레벨은 $-V_{dc}/2, -V_{dc}/4, 0, +V_{dc}/4, +V_{dc}/2$로 나뉘며, 각각의 전압 레벨은 인버터의 상부 및 하부 스위칭 소자의 조합에 의해 결정된다. 5가지의 스위칭 상태를 3상에 적용하면 병렬 인버터의 스위칭 상태는 411과 같이 나타낼 수 있다.

스위칭 상태 411이 선택될 때 각 인버터의 전압 벡터는 공통 모드 전압의 차이가 가장 큰 경우에 위상이 이동된 삼각 반송파 2로 대체된다. [표 5.1]은 a상을 클램프하는 섹터 1과 섹터 2에서 선택된 벡터에 따른 공통 모드 전압의 차이를 나타낸다. 기존 인터리빙 DPWM의 스위칭 상태가 411, 413, 431, 433일 때, 공통 모드 전압 전압의 차이는 $\pm V_{dc}/3$이다. 공통 모드 전압의 차이를 제거하기 위해 스위칭 상태가 411일 때 각 인버터의 전압 벡터가 PON과 PNO로 대체되며, 각 전압 벡터는 스위칭의 반주기마다 교대로 선택된다. 수정된 인터리빙 DPWM을 적용하여 스위칭 상태가 411, 413, 431, 433일 때의 전압 벡터를 대체함으로써 순환 전류를 줄일 수 있다. 다른 스위칭 상태 410, 413, 421, 423, 430, 432, 441, 443에서는 순환 전류가 생성되며, 이러한 스위칭 상태의 공통 모드 전압의 차이는 한 상에서의 스위칭 벡터 차이에 의해 $\pm V_{dc}/6$이다.

[표 5.1] 섹터 2에서 선택된 벡터에 따른 공통 모드 전압의 차이

스위칭 상태	전압 벡터	공통 모드 전압의 차이
411	POO, PNN -> PON, PNO	$\pm V_{dc}/3 \rightarrow 0\,V$
413	POP, PNO -> PNP, POO	
431	PPO, PON -> PPN, POO	
433	PPP, POO -> PPO, POP	
410	PON, PNN	$\pm V_{dc}/6$
413	PPN, PON	
421	POO, PON	
423	POP, POO	
430	PPN, PON	
432	PPO, POO	
441	PPO, PPN	
443	PPP, PPO	

5.2.2 순환 전류 분석

[그림 5.5]는 스위칭 상태에 의해 순환 전류가 생성되는 섹터 2의 서브 섹터를 나타낸다. 사각형으로 표시된 스위칭 상태는 순환 전류를 생성하고, 원으로 표시된 스위칭 상태는 순환 전류를 생성하지 않는다.

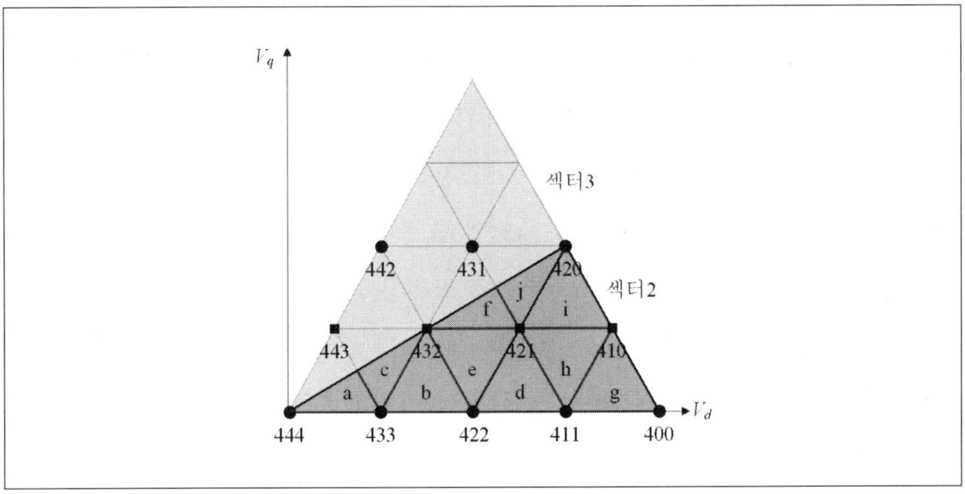

그림 5.5 병렬 인버터의 섹터2에서 서브 섹터 및 스위칭 벡터

[표 5.2] 섹터 2에서 서브 섹터에 따른 스위칭 시퀀스

서브 섹터	스위칭 시퀀스
a	444–443–433–443–444–443–433–443–444
b	433–432–422–432–433–432–422–432–433
c	433–432–442–432–433–432–442–432–433
d	411–421–422–421–411–421–422–421–411
e	431–421–422–421–431–421–422–421–431
f	431–432–422–432–431–432–422–432–431
g	411–410–400–410–411–410–400–410–411
h	411–410–420–410–411–410–420–410–411
i	411–421–420–421–411–421–420–421–411
j	431–421–420–421–431–421–420–421–431

수정된 인터리빙 DPWM은 특정 상에서 삼각 반송파를 180°만큼 위상 이동하여 한 제어 주기의 순환 전류 평균을 0A로 만든다. 이를 통해 공통 모드 전압이 맥동하는 크기와 주파수를 저감시킨다. 수정된 인터리빙 DPWM을 적용한 후의 순환 전류 피크 값은 스위칭 순서의 인가 시간으로 계산할 수 있다.

$$i_{cc,peak} = \frac{3\,T_{cc}}{L_1 + L_2} V_{cm,d} \tag{5.8}$$

여기서 T_{cc}는 순환 전류를 생성하는 스위칭 상태의 인가 시간이다. 각 서브 섹터에서 순환 전류를 생성하는 스위칭 상태의 인가 시간은 [표 5.3]과 같이 계산된다.

[표 5.3] 섹터 2에서 순환 전류를 생성하는 스위칭 상태의 인가 시간

서브 섹터	순환 전류를 생성하는 스위칭 상태의 인가 시간
a	$T_{cc} = 2\sqrt{3}\,MI\sin\theta_{ref}T_T$
b	$T_{cc} = 2\sqrt{3}\,MI\sin\theta_{ref}T_T$
c	$T_{cc} = (6MI\cos\theta_{ref} - 2)\,T_T$
d	$T_{cc} = 2\sqrt{3}\,MI\sin\theta_{ref}T_T$
e	$T_{cc} = (6MI\cos\theta_{ref} - 4)\,T_T$
f	$T_{cc} = (4 - 6MI\cos\theta_{ref})\,T_T$
g	$T_{cc} = 2\sqrt{3}\,MI\sin\theta_{ref}T_T$
h	$T_{cc} = (6MI\cos\theta_{ref} - 6)\,T_T$
i	$T_{cc} = (6 - 6MI\cos\theta_{ref})\,T_T$
j	$T_{cc} = (2 - 2\sqrt{3}\,MI\cos\theta_{ref})\,T_T$

5.2.3 중성점 전압의 밸런싱

병렬 연결된 3레벨 NPC 인버터는 [그림 2.5]에 표시된 것처럼 두 개의 직렬 연결된 직류단 커패시터 C_{top}와 C_{bot}를 가지고 있다. 병렬 연결된 인버터의 성능을 보장하기 위해 두 직렬 연결된 커패시터의 전압은 동일하게 유지되어야 한다. 중성점 전압차는 직류단 커패시터 전압 C_{top}과 C_{bot}의 차이로 정의된다.

$$\Delta V_{np} = V_{top} - V_{bot} \tag{5.9}$$

중성점 전압은 제어 주기 T_T동안 중성점 전류 I_{np}의 평균에 의해 결정된다. 중성점 전압과 전류는 스위칭 벡터에 의해 다음과 같이 표현된다.

$$\Delta V_{np} = \int_{T_T} I_{np}\,dt \tag{5.10}$$

여기서 중성점 전류 I_{np}는 다음과 같이 정의된다.

$$I_{np}=\begin{cases} I_a & (OPN, ONP, OPP, ONN) \\ I_b+I_c=-I_a & (POO, NOO) \\ I_b & (PON, NOP, POP, NON) \\ I_a+I_c=-I_b & (OPO, ONO) \\ I_c & (NPO, PNO, PPO, NNP) \\ I_a+I_b=-I_c & (OOP, OON) \end{cases} \tag{5.11}$$

기존의 SVM 방식에서 인터리빙 기법을 적용하면 직류단 커패시터 전압은 균형을 유지한다. 제어 주기 T_T동안 중성점 전류에 의한 전압은 아래와 같이 표현된다.

$$\Delta V_{np}=\int_0^{T_0/2} I_a dt+\int_0^{T_0/2}(I_b+I_c)dt+\int_0^{T_1/2} 0dt+\int_0^{T_1/2} I_c dt+\int_0^{T_2} I_c dt \tag{5.12}$$

인터리빙 DPWM이 적용될 때 스위칭 순서는 클램프된 상의 지령 전압에 따라 수정된다. 인터리빙 DPWM에서 가장 큰 전류는 각 섹터의 중섬점에 흐른다. 예를 들어, 섹터1에서는 스위칭 상태 411에서 전압 벡터 POO 및 PNN가 사용된다. 전압 벡터 POO에서 중성점 전류의 크기는 a상 전류가 된다. 섹터1에서 a상 전류는 다른 상 전류에 비해 가장 큰 전류이다. 기존의 인터리빙 DPWM의 제어 주기 동안 중성점 전류에 의한 전압은 다음과 같이 도출된다.

$$\Delta V_{np}=\int_0^{T_0/2} 0dt+\int_0^{T_0/2}(I_b+I_c)dt+\int_0^{T_1/2} I_c dt+\int_0^{T_1/2}(I_b+I_c)dt+\int_0^{T_2} I_c dt \tag{5.13}$$

인터리빙 DPWM이 적용될 때 커패시터의 전압 리플이 증가한다. 반면에, 인터리빙 DPWM에서 전압 벡터를 클램프하여 전력 반도체의 스위칭 손실을 줄임으로써 출력 전류 품질을 향상시킨다.

마찬가지로, 수정된 인터리빙 DPWM에서 한 제어 주기 동안의 중성점 전류에 의한 전압은 [표 5.4]에 나나나 있나. 중성섬 선압은 한 주기 농안 0V로 유지되며, 이는 각 섹터에서 생성된 전압 차이를 보상하여 균형을 유지한다.

[표 5.4] 섹터에 따른 중성점 전압 및 전류

섹터	중성점 전류에 의한 전압	중성점 전압의 변동
1	$\int_0^{(T_0/2+T_1/2)}(I_b+I_c)dt+\int_0^{(T_1/2+T_2)}(I_c)dt$	감소

2	$\int_0^{(T_0/2+T_1/2)}(I_b+I_c)dt+\int_0^{(T_1/2+T_2)}(I_b)dt$	감소
3	$\int_0^{(T_0/2+T_1/2)}(I_a+I_b)dt+\int_0^{(T_1/2+T_2)}(I_b)dt$	증가
4	$\int_0^{(T_0/2+T_1/2)}(I_a+I_b)dt+\int_0^{(T_1/2+T_2)}(I_a)dt$	증가
5	$\int_0^{(T_0/2+T_1/2)}(I_a+I_c)dt+\int_0^{(T_1/2+T_2)}(I_a)dt$	감소
6	$\int_0^{(T_0/2+T_1/2)}(I_a+I_c)dt+\int_0^{(T_1/2+T_2)}(I_c)dt$	감소
7	$\int_0^{(T_0/2+T_1/2)}(I_b+I_c)dt+\int_0^{(T_1/2+T_2)}(I_c)dt$	증가
8	$\int_0^{(T_0/2+T_1/2)}(I_b+I_c)dt+\int_0^{(T_1/2+T_2)}(I_b)dt$	증가
9	$\int_0^{(T_0/2+T_1/2)}(I_a+I_b)dt+\int_0^{(T_1/2+T_2)}(I_b)dt$	감소
10	$\int_0^{(T_0/2+T_1/2)}(I_a+I_b)dt+\int_0^{(T_1/2+T_2)}(I_a)dt$	감소
11	$\int_0^{(T_0/2+T_1/2)}(I_a+I_c)dt+\int_0^{(T_1/2+T_2)}(I_a)dt$	증가
12	$\int_0^{(T_0/2+T_1/2)}(I_a+I_c)dt+\int_0^{(T_1/2+T_2)}(I_c)dt$	증가

5.3 시뮬레이션

병렬 인버터의 시뮬레이션은 인터리빙 기반의 DPWM을 통한 순환 전류 저감 방법의 타당성을 입증하기 위해 PSIM 소프트웨어를 사용하여 수행되었다. 시뮬레이션에 사용된 두 개의 병렬 3레벨 NPC 인버터 회로는 [그림 2.5]에 나타나 있으며, 시뮬레이션의 파라미터는 [표 5.5]에 나와 있다. 60Hz의 주파수를 갖는 계통은 병렬 인버터에 연결된다. 각 인버터는 그리드의 선간 전압을 기준으로 60Hz의 각도 제어를 사용하여 제어된다. 시뮬레이션은 MI에 따른 특성을 검증하기 위해 계통 전압을 변경함으로써 구현된다. MI가 0.5인 경우 계통 전압은 감소하며, 지령 전류는 7.5A로 설정한다. 반면, 순환 전류의 저감 방법을 MI 1.0에서 검증하기 위해 계통 전압이 증가하며, 지령 전류는 15A로 설정한다. 필터 인덕터는 고조파를 줄이기 위해 사용된다. 인덕턴스는 IEEE-519 표준 5% 한도를 충족시키기 위해 2mH로 설정된다. 또한, 시뮬레이션 결과는 수정된 인터리빙 DPWM의 성능을 입증하기 위해 인터리빙 기법이 적용된 기존 SVM 및 인터리빙 DPWM 방법과 비교된다.

[표 5.5] 시뮬레이션 및 실험 파라미터

파라미터	값
직류단 전압	300 V
직류단 커패시터	1000 μF
계통 주파수	60 Hz
스위칭 주파수	10 kHz
전압 변조 지수	0.5, 1.0

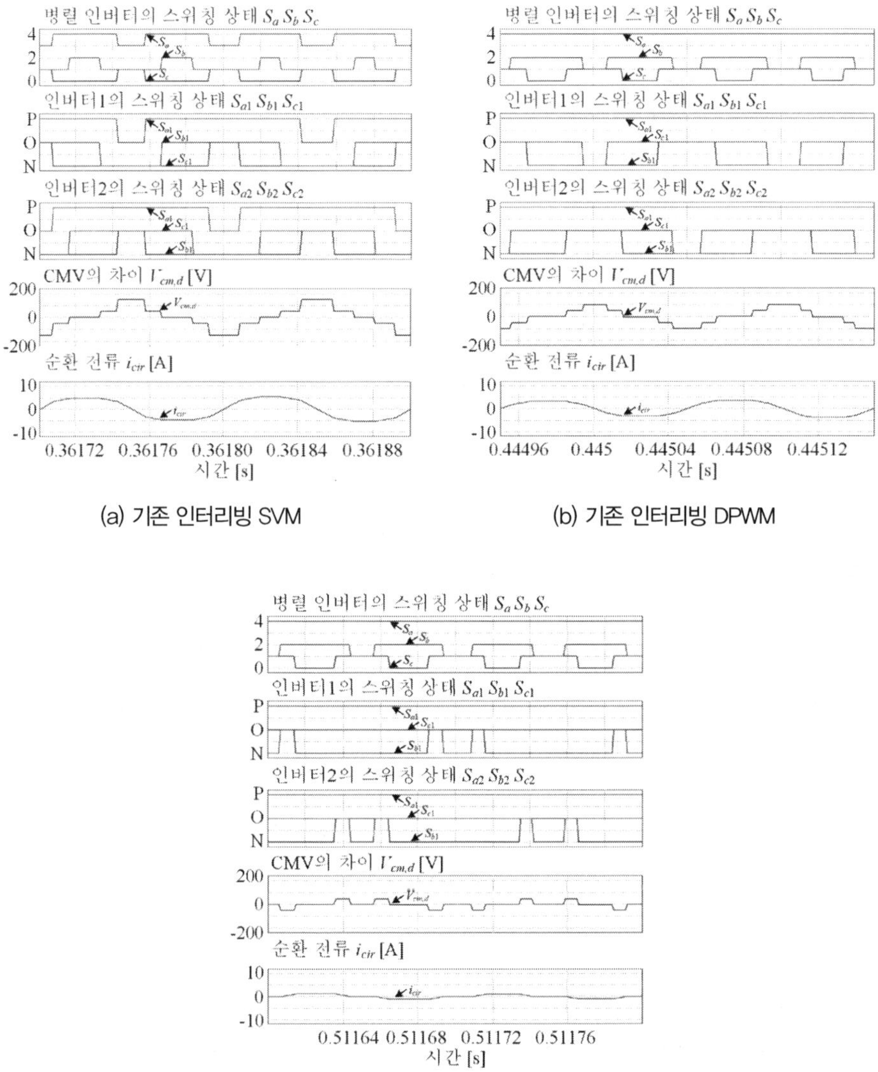

(a) 기존 인터리빙 SVM

(b) 기존 인터리빙 DPWM

(c) 수정된 인터리빙 DPWM

그림 5.6 스위칭 시퀀스, 공통 모드 전압의 차이, 순환 전류

[그림 5.6]은 변조 방법에 따른 공통 모드 전압 차이와 순환 전류 파형을 보여준다. 기존 SVM이 적용될 때, [그림 5.6(a)]와 같이 공통 모드 전압의 차이는 $-V_{dc}/2$에서 $+V_{dc}/2$까지 변동한다. 스위칭 상태가 311일 때, 공통 모드 전압 차이가 가장 클 때 전압 벡터 ONN과 POO가 선택된다. 기존 인터리빙 DPWM의 공통 모드 전압 차이와 순환 전류의 파형은 [그림 5.6(b)]에 나타나 있다. 공통 모드 전압의 차이가 $\pm V_{dc}/3$일 때 순환 전류는 급격히 증가한다. 상위 스위칭 상태는 항상 섹터2에서 양의 클램프 전압으로 인해 4를 갖는다. 스위칭 상태가 411일 때, 전압 벡터 PNN과 POO가 선택된다. 이러한 벡터는 $\pm V_{dc}/3$의 공통 모드 전압 차이를 생성한다. 공통 모드 전압 차이와 순환 전류를 줄이기 위해, [그림 5.6(c)]와 같이 수정된 인터리빙 DPWM 방법이 적용된다. 섹터2에서, a상은 양의 클램프 상태이다. 인버터 1의 b상과 인버터 2의 c상은 기존의 삼각 반송파 $V_{tri,1}$을 사용한다. 반면, 인버터 1의 c상과 인버터 2의 b상은 180° 위상이 이동된 삼각 반송파 $V_{tri,2}$를 사용한다. 결과적으로, 스위칭 상태 411이 선택될 때 공통 모드 전압의 차이는 0V가 된다. 이 영역에서 순환 전류의 변동이 제거된다.

[그림 5.7]과 [그림 5.8]은 변조 방법과 MI에 따른 출력 전류와 고주파 순환 전류를 나타낸다. MI는 수정된 인터리빙 DPWM 방법의 적용 가능성을 검증하기 위해 0.5와 1.0으로 설정한다. [그림 5.7(a)]와 [그림 5.8(a)]는 인터리빙 기법이 적용된 기존 SVM을 적용한 경우의 고주파 순환 전류와 출력 전류를 나타낸다. MI가 0.5인 경우 순환 전류는 5.3A이고, 출력 전류의 THD는 2.5%이다. 또한, MI가 1.0인 경우의 순환 전류는 3.9A이며, 출력 전류의 THD는 1.7%이다. 스위칭 손실과 고주파 순환 전류를 줄이기 위해, [그림 5.7(b)]와 [그림 5.8(b)]에서 기존 SVM에 인터리빙 기법이 추가된다. 출력 전류의 THD는 기존 SVM과 비교하여 감소되지만, 고주파 순환 전류는 MI에 따라 증가한다. 따라서 MI의 증가에 따라 순환 전류의 저감율의 변동이 있으며, MI가 0.5인 경우에 순환 전류의 저감율은41.5%이며, MI가 1.0인 경우에는 20.5%로 순환 전류의 저감율이 감소한다. [그림 5.7(c)]와 [그림 5.8(c)]에서 수정된 인터리빙 DPWM 기반의 순환전류 저감 방법은 공통 모드 전압의 차이를 줄여 고주파 순환 전류를 감소시키기 위해 적용된다. 출력 전류의 THD는 MI가 0.5인 경우에 1.9%이고, MI가 1.0인 경우에 1.2%이다. 또한, 수정된 인터리빙 DPWM의 고주파 순환 전류는 MI가 0.5인 경우에 1.0A이고, MI가 1.0인 경우에 0.8A이다. 기존 인터리빙 DPWM과 비교했을 때 순환 전류의 저감율은 MI가 0.5인 경우에 67.7%이고, MI

가 1.0인 경우에 75.8%이다. 따라서 수정된 인터리빙 DPWM 변조 방법은 MI 전체에서 성능을 보장하면서 고주파 순환 전류를 줄인다.

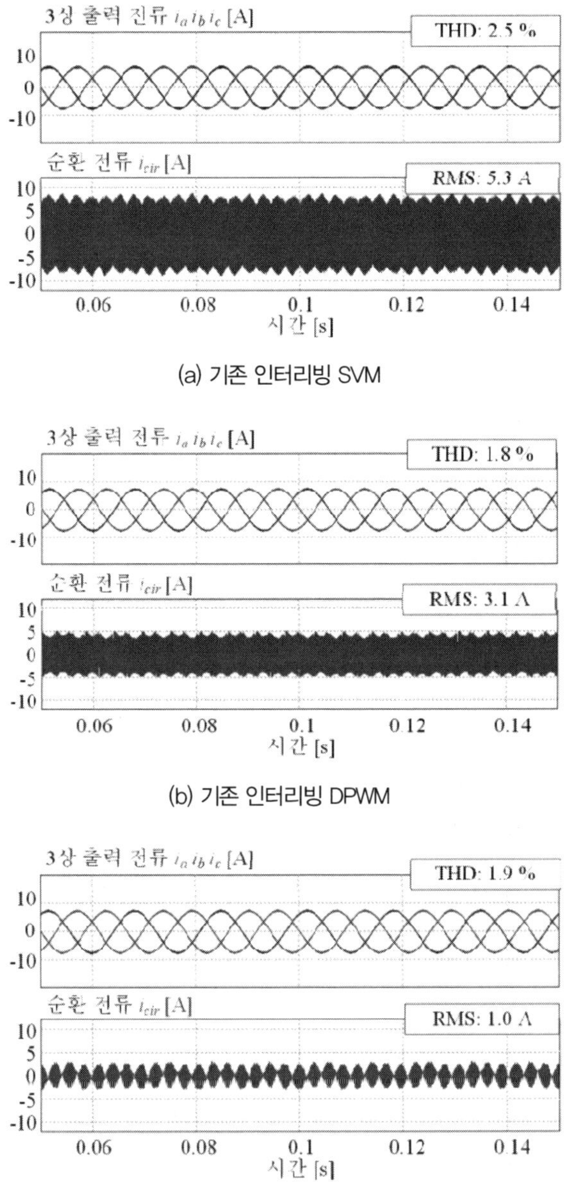

(a) 기존 인터리빙 SVM

(b) 기존 인터리빙 DPWM

(c) 수정된 인터리빙 DPWM

그림 5.7 3상 출력 전류 및 순환 전류(MI=0.5)

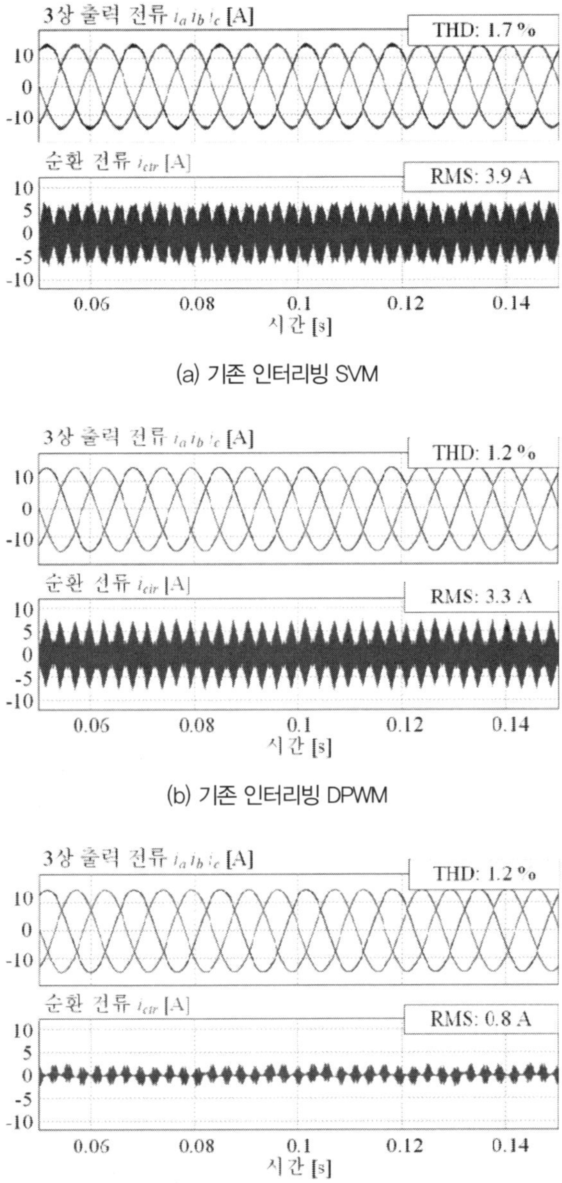

(a) 기존 인터리빙 SVM

(b) 기존 인터리빙 DPWM

(c) 수정된 인터리빙 DPWM

그림 5.8 3상 출력 전류 및 순환 전류(MI=1.0)

[그림 5.9]는 각 저감 방법에서 직류단 전압과 중성점 전류를 나타낸다. [그림 5.9(a)]에 나타난 것처럼 기존 인터리빙 기법에서 직류단 전압의 리플은 1.6V이다. 반면, 기존 및 수정된 인터리빙 DPWM 저감 방법이 적용될 때 직류단 전압의 리플은 각각 8.4V와 8.9V이다.

앞서 언급했듯이, 각 저감 방법은 중성점 전압의 균형을 보장한다. 그러나 DPWM을 적용할 경우에 중성점 전류는 증가한다.

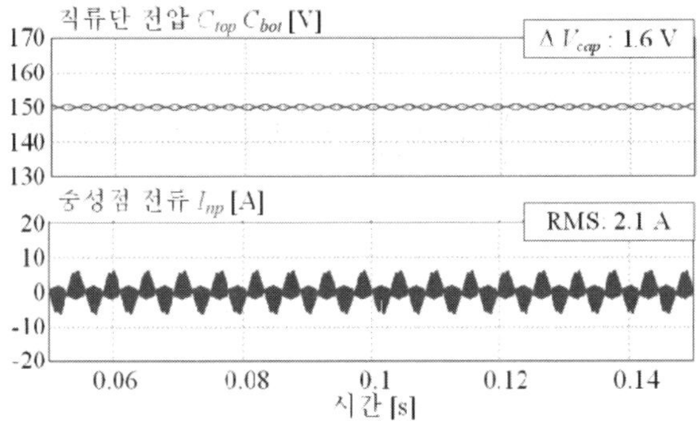

(a) 기존 인터리빙 SVM

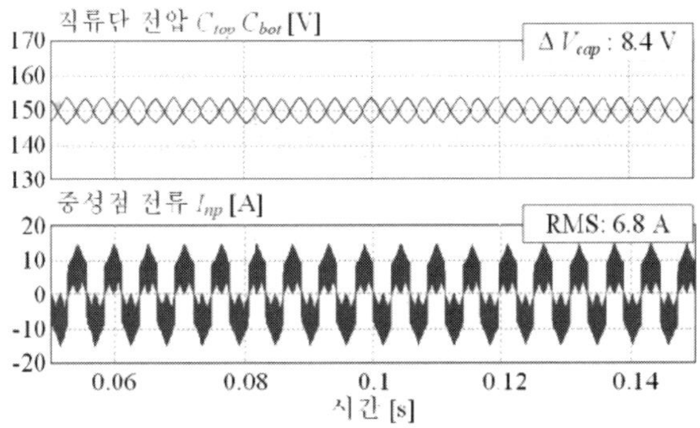

(b) 기존 인터리빙 DPWM

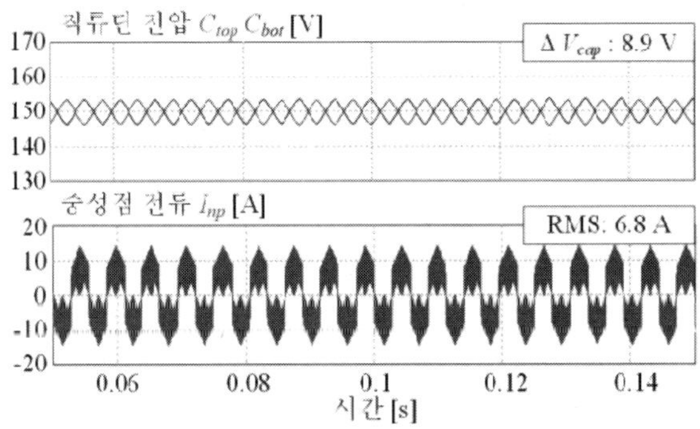

(c) 수정된 인터리빙 DPWM

그림 5.9 직류단 전압 및 중성점 전류(MI=1.0)

5.4 실험

[그림 5.10]은 제안된 변조 방법을 검증하기 위한 두 개의 병렬 3레벨 NPC 인버터의 실험 설정을 나타낸다. 실험에서 사용된 매개변수는 [표 5.5]에 나와 있는 시뮬레이션 매개변수와 동일하다. 각 변조 방식은 Texas Instruments 社의 TMS320R28377S 디지털 신호 프로세서를 통해 적용하였다. 각 EPWM 신호는 Shadow mode를 통해 삼각 반송파의 위상과 일치하도록 설정하였다. 실험 설정에서 Semi Powerex 社의 NPC 캐스케이드 SiC MOSFET 모듈이 적용되었으며, CREE 社에서 제작한 게이트 드라이버(CGD12HBMP)가 사용되었다. 직류단 커패시터로는 ALC70 1000μF/250V 커패시터(KEMET 社)가 사용되어 커패시터 수명 개선이 추정된다. 특히, 전력 분석기(Yokogawa 社의 WT3000)가 사용되어 각 방법의 효율을 비교하였다.

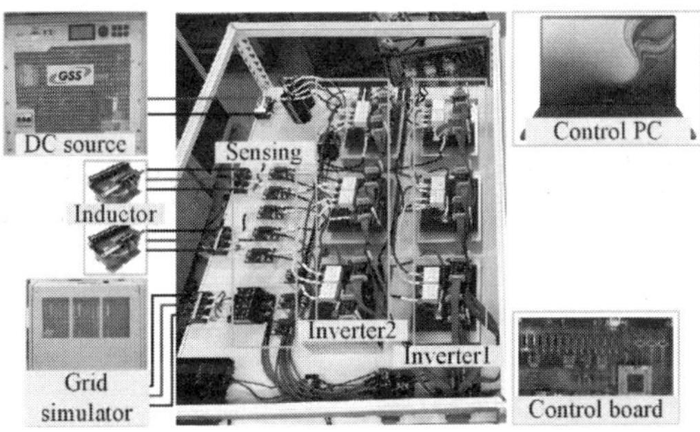

그림 5.10 병렬 인버터 실험 세트

[그림 5.11]과 [그림 5.12]는 출력 전류와 고주파 순환 전류의 실험 파형을 보여준다. 각 방법의 MI는 시뮬레이션과 유사하게 성능을 비교하기 위해 0.5와 1.0으로 설정된다. MI 0.5에서 인터리빙 기법이 적용된 기존 SVM의 출력 전류 THD는 2.5%이지만, 인터리빙 기법으로 인해 다른 변조 방법과 비교하여 가장 큰 고주파 순환 전류가 발생한다. [그림 5.11(b)]는 기존 인터리빙 DPWM이 적용된 경우의 실험 결과를 나타낸다. 출력 전류의 THD는 2.3%이며, 고주파 순환 전류의 RMS 값은 5.1A이다. 기존 SVM과 비교했을 때 고주파 순환 전류의 감소율은 32%이다. [그림 5.11(c)]는 수정된 인터리빙 DPWM 기법이 적용된 경우의 실험 결과를 나타낸다. 출력 전류의 THD는 2.3%로 감소하고, 고주파 순환 전류는 1.7A로 감소한다. 기존 인터리빙 DPWM과 비교했을 때 고주파 순환 전류의 감

소율은 66.7%이다. 공통 모드 전압의 차이가 감소하면서 출력 전류의 THD가 개선된다. 공통 모드 전압의 크기와 변동은 출력 전류 품질에 영향을 미치는 누설 전류를 생성한다.

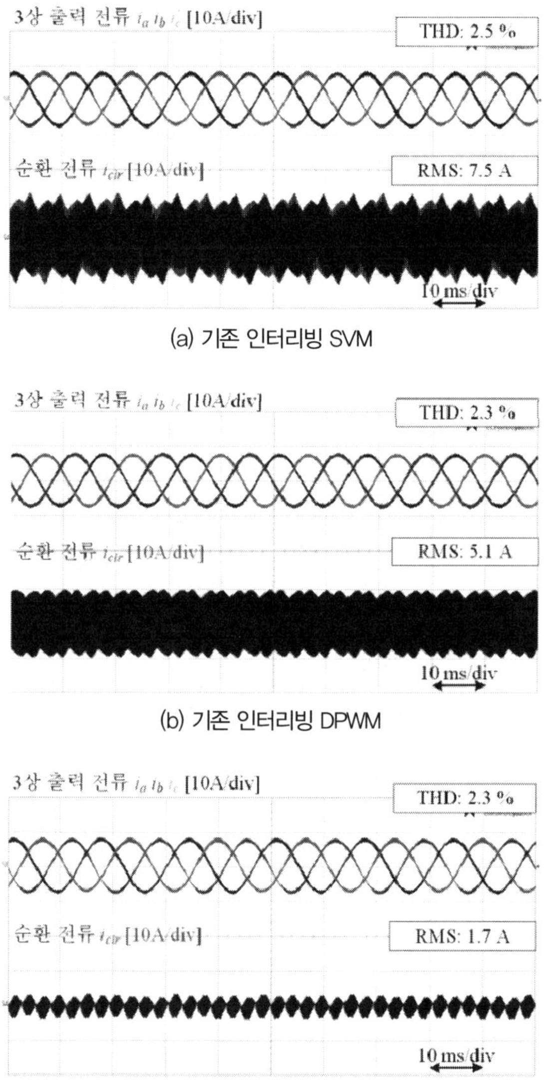

(a) 기존 인터리빙 SVM

(b) 기존 인터리빙 DPWM

(c) 수정된 인터리빙 DPWM

그림 5.11 3상 출력 전류 및 순환 전류 실험 결과(MI=0.5)

MI 1.0에서 기존 인터리빙 SVM의 파형은 [그림 5.12(a)]에 나타나 있다. 출력 전류의 THD는 2.4%이며, 고주파 순환 전류의 RMS 값은 5.6A이다. [그림 5.12(b)]는 기존 인터리빙 DPWM 변조가 적용된 실험 파형을 보여준다. 출력 전류의 THD는 2.3%이며, 고주파 순환 전류의 RMS 값은 5.2A이다. 기존 SVM과는 달리, 기존 인터리빙 DPWM이 적용될 때 MI가 증가함에 따라 고주파 순환 전류가 증가한다. 수정된 인터리빙 DPWM의 실험 결과는 [그림 5.12(c)]에 나타나 있다. 출력 전류의 THD는 기존 SVM 및 인터리빙 DPWM과 비교하여 개선되었다. 고주파 순환 전류의 RMS 값은 1.2A로 감소하였다. 고주파 순환 전류의 감소율은 각각 78.6%와 76.9%이다. 따라서 수정된 인터리빙 DPWM 기반의 순환 전류 저감 방법은 모든 MI에서 성능을 검증하였다.

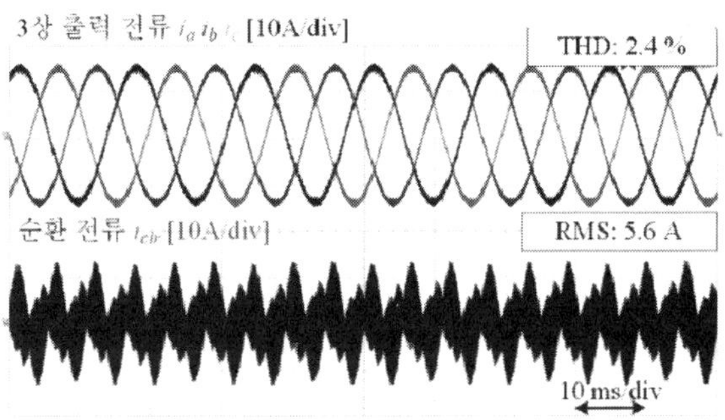

(a) 기존 인터리빙 SVM

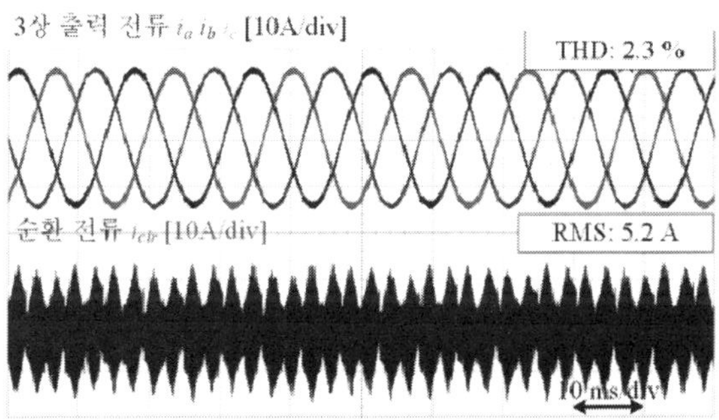

(b) 기존 인터리빙 DPWM

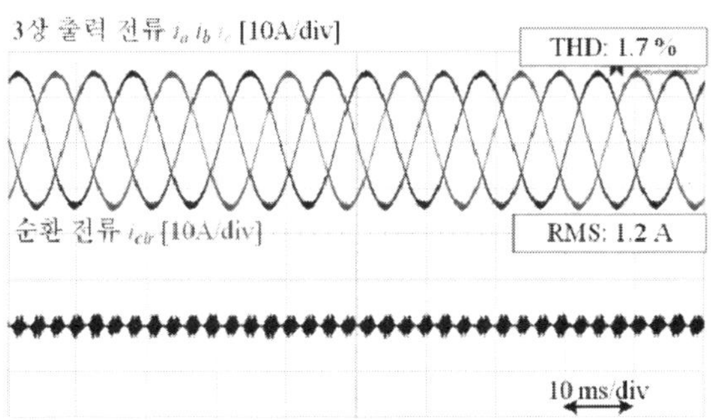

(c) 수정된 인터리빙 DPWM

그림 5.12 3상 출력 전류 및 순환 전류 실험 결과(MI=1.0)

[그림 5.13]은 직류단 전압과 중성점 전류의 실험 파형을 나타낸다. 전력 반도체의 스위칭 손실이 감소한 기존 인터리빙 DPWM에서 직류단 전압의 리플은 7.9V로 증가한다. 수정된 인터리빙 방법은 중성점 전압을 균형시키면서 스위칭 손실을 줄이기 위해 DPWM을 기반으로 고주파 순환 전류를 억제한다. 수정된 인터리빙 DPWM에서 중성점 전압과 전류는 기존 방법에 비해 증가한다. 중성점 전압과 전류는 직류단 커패시터의 신뢰성과 관련이 있다. ALC70/KEMET을 기반으로 각 방법에서 커패시터의 수명을 추정하였다. 커패시터의 수명 예측은 [26]에서 연구되었다. 첫째, RMS 값의 리플 전류와 ESR에 의해 발생하는 커패시터의 핫스팟 온도는 다음과 같이 계산된다.

$$T_{hot-spot} = T_{ambient} + R_{ha}\sum_{i=1}^{n}[I_{rms}(f_i)ESR(f_i)] \tag{5.14}$$

여기서 $I_{rms}(f_i)$와 $ESR(f_i)$는 각각 주파수 f_i에서 리플 전류의 RMS값과 ESR을 의미한다. $T_{ambient}$는 주변 온도이며, R_{ha}는 주변 온도에서 핫스팟 온도까지의 온도 변화를 나타내는 등가 열 저항이다. 마지막으로 핫스팟 온도를 사용하여 커패시터의 수명은 다음과 같이 계산된다.

$$L = L_0\left(\frac{V_0}{V}\right)^{k_0} 2^{\frac{T_0 - T_{hot-spot}}{k_1}} \tag{5.15}$$

여기서 L_0, V_0, T_0, V는 각각 정격 수명, 정격 전압, 최대 허용 핫스팟 온도, 실제 전압을 나타낸다. k_0와 k_1은 제조업체에서 제공하는 계수이다. 수정된 인터리빙 DPWM을 적용한 경우에 커패시터의 수명은 수명 추정 과정에 따라 기존 SVM에 비해 7.0% 감소하였다.

각 방법의 특성은 [표 5.6]에서 분석되었다. 순환 전류를 유도하는 공통 모드 전압의 차이는 기존 SVM에서 $V_{dc}/2$이고, 고주파 순환 전류는 5.6A로 발생한다. 그러나 수정된 인터리빙 DPWM은 공통 모드 전압 차이를 $V_{dc}/6$으로 감소시켜 순환 전류를 1.2A로 줄였다. 수정된 인터리빙 DPWM에서 출력 전류의 THD 평균은 2.4%에서 1.7%로 개선되었다. 또한, 각 방법의 효율은 전력 분석기를 사용하여 분석되었으며, 수정된 인터리빙 DPWM 기반의 순환 전류 저감 기법의 효율은 91.6%에서 93.5%로 개선되었다. 수정된 인터리빙 DPWM을 적용한 경우에 커패시터의 수명이 줄어들었음에도 불구하고 더 효율적으로 구동할 수 있다.

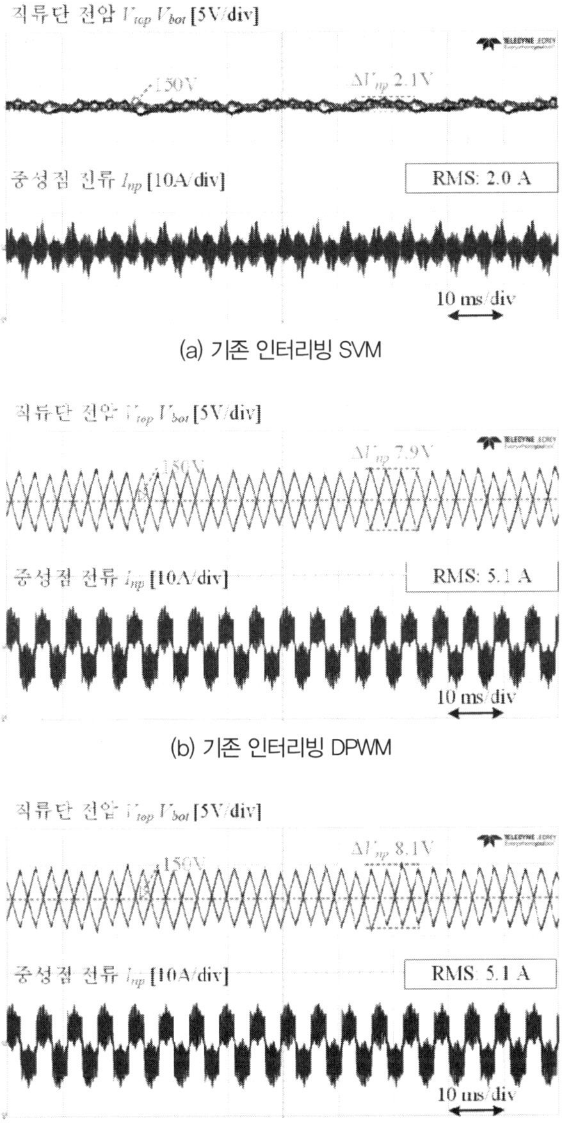

(a) 기존 인터리빙 SVM

(b) 기존 인터리빙 DPWM

(c) 수정된 인터리빙 DPWM

그림 5.13 직류단 전압 및 중성점 전류 실험 결과(MI=1.0)

[표 5.6] 순환 전류 저감 기법의 특성 비교

기법	순환 전류	공통 모드 전압의 차이	복잡성	THD	커패시터 수명	효율
기존 인터리빙 SVM	5.6A	$\pm V_{dc}/2$	Simple	2.4%	28.5	91.6%
기존 인터리빙 DPWM	5.2A	$\pm V_{dc}/3$	Simple	2.3%	26.5	91.9%
수정된 인터리빙 DPWM	1.2A	$\pm V_{dc}/6$	Moderate	1.7%	26.5	93.5%

5.5. 참고문헌

[1] X. Xing, C. Zhang, A. Chen, H. Geng, and C. Qin, "Deadbeat Control Strategy for Circulating Current Suppression in Multiparalleled Three-Level Inverters," *IEEE Trans. Ind. Electron.*, vol. 65, no. 8, pp. 6239–6249, Aug. 2018.

[2] C. Zhang, X. Li, X. Xing, B. Zhang, R. Zhang, and B. Duan, "Modeling and Mitigation of Resonance Current for Modified LCL-Type Parallel Inverters with Inverter-Side Current Control," *IEEE Trans. Ind. Inform.*, vol. 18, no. 2, pp. 932–942, Feb. 2022.

[3] M. Takongmo, C. Zhang, and J. Salmon, "Coupled Inductors for High-Frequency Drives with Parallel-Connected Inverter Lags," *IEEE Trans. Power Electron.*, vol. 37, no. 6, pp. 7055–7066, Jun. 2022.

[4] K.-B Lee and J.-S. Lee, Reliability Improvement Technology for Power Converters. Singapore: Springer, 2017.

[5] J. Liu, X. Sun, B. Ren, and Q. Zhang, "Dynamic Circulating Current Suppression Method for Multiple Hybrid Power Parallel Grid-Connected Inverters with Model Reference Adaptive System," *IEEE Trans. Ind. Electron.*, vol. 69, no. 5, pp. 4364–6375, May 2022.

[6] Y.-J. Kim, S.-M. Kim, and K.-B. Lee, "Improving DC-Link Capacitor Lifetime for Three-Level Photovoltaic Hybrid Active NPC Inverters in Full Modulation Index Range," *IEEE Trans. Power Electron.*, vol. 36, no. 5, pp,5250–5261, May 2021.

[7] I. M. Alsofyani and K.-B. Lee, "Simple Capacitor Voltage Balancing for Three-Level NPC Inverter Using Discontinuous PWM Method With Hysteresis Neutral-Point Error Band," *IEEE Trans. Power Electron.*, vol. 36, no. 11, pp. 12490–12503, Nov. 2021.

[8] J.-S. Lee, R. Kwak, and K.-B. Lee, "Novel Discontinuous PWM Method for a Single-Phase Three-Level Neutral Point Clamped Inverter with Efficiency Improvement and Harmonic Reduction," *IEEE Trans. Power Electron.*, vol. 33, no. 11, pp. 9253–9266, Nov. 2018.

[9] H.-W. Lee, S.-J. Jang, and K.-B. Lee, "Advanced DPWM Method for Switching Loss Reduction in Isolated DC Type Dual Inverter with Open-End Winding IPMSM," *IEEE Access*, vol. 11, pp. 2700–2710, Jan. 2023.

[10] Z. Zeng, Z. Li, and S. M. Goetz, "Optimal Discontinuous Space Vector PWM for Zero-Sequence-Circulating Current Reduction in Two Paralleled Three-Phase Two-Level Converter," *IEEE Trans. Ind. Electron.*, vol. 68, no. 2, pp. 1252–1262, Feb. 2021.

[11] J. Wang, F. Hu, W. Jiang, W. Wang, and Y. Gao, "Investigation of Zero Sequence Circulating Current Suppression for Parallel Three-Phase Grid-Connected Converters without Communication," *IEEE Trans. Ind. Electron.*, vol. 65, no. 10, pp. 7620–7629, Oct. 2018.

[12] S.-W. An, S.-M. Kim, and K.-B. Lee, "Capacitor Lifetime Extension in a Hybrid Active Neutral-Point-Clamped Inverter with Reduction of DC-Link Ripple Current and Common-Mode Voltage," *IEEE Access*, vol. 9, pp. 40336–40348, Mar. 2021.

[13] Q. Zhang, X. Xing, and K. Sun, "Space Vector Modulation Method for Simultaneous Common Mode Voltage and Circulating Current Reduction in Parallel Three-Level Inverters," *IEEE Trans. Power Electron.*, vol. 34, no. 4, pp. 3053–3066, Apr. 2019.

[14] J. S. S. Prasad and G. Narayanan, "Common-Mode Injection PWM for Parallel Converters," *IEEE Trans. Ind. Electron.*, vol. 62, no. 2, pp. 789–794, Feb. 2015.

[15] X. Xing, X. Li, C. Qin, J. Chen, and C. Zhang, "An Optimized Zero-Sequence Voltage Injection Method for Eliminating Circulating Current and Reducing Common Mode Voltage of Parallel-Connected Three-Level Converters," *IEEE Trans. Ind. Electron.*, vol. 67, no. 8, pp. 6583–6596, Aug. 2020.

[16] H.-W. Choi and K.-B. Lee, "Circulating Current Reduction for Parallel-Connected Modular Inverters Based on Suppression of Common-Mode Voltage," *IEEE Trans. Power Electron.*, vol.38, no. 9. pp. 11091–11101, Sep. 2023.

[17] S. He, Y. Wang, and B. Liu, "A Modified DPWM Method with Minimal Line Current Ripple and Zero-Sequence Circulating Current for Two Parallel Interleaved 2L-VSIs," *IEEE Trans. Ind. Electron.*, vol. 69, no. 12, pp. 11879–11889, Dec. 2022.

[18] A. Laka, J. A. Barrena, J. C. Zabalza, M. A. R. Vidal, and G. Calvo, "Novel Zero-Sequence Blocking Transformer (ZSBT) Using Three Single-Phase Transformers," *IEEE Trans. Energy Convers.*, vol. 28. no. 1, pp. 234–242, Mar. 2013.

[19] X. Li, X. Xing, C. Qin, C. Zhang, and G. Zhang, "Design and Control Method to Suppress Resonances Circulating Current for Parallel Three-Level Rectifiers with Modified LCL Filter," *IEEE Trans. Ind. Electron.*, vol. 68, no. 8, pp. 7012–7023, Jul. 2020.

[20] H.-W. Choi and K.-B. Lee, "Review of Methods for Reducing Circulating Currents in Parallel Connected Modular Inverters," *J. Electric. Eng. Technol.*, vol. 18, no. 2, pp. 1227–1242, Mar. 2023.

[21] W. Jiang, Y. Gao, B. Xiao, J. Wang, X. Ding, and L. Wang, "Suppression of High-Frequency Circulating Current Caused by Asynchronous Carriers for Parallel Three-Phase Grid-Connected Converters," *IEEE Trans. Ind. Electron.*, vol. 65, no. 2, pp. 1031–1040, Feb. 2018.

[22] Z. Xueguang, W. Li, Y. Xiao, G. Wang, and D. Xu, "Analysis and Suppression of Circulating Current Caused by Carrier Phase Difference in Parallel Voltage Source Inverters With SVPWM," *IEEE Trans. on Power Electron.*, vol. 33, no. 12, pp. 11007–11020, Dec. 2018.

[23] Z. Zeng, Z. Li, and S. M. Geotz, "A High Performance Interleaved Discontinuous PWM Strategy for Two Paralleled Three-Phase Inverter," *IEEE Trans. Power Electron.*, vol. 35, no. 12, pp. 13042–13052, Dec. 2020.

[24] A. Tcai, Y. Kwon, S. Pugliese, and M. Liserre, "Reduction of the Circulating Current Among Parallel NPC Inverters," *IEEE Trans. on Power Electron.*, vol. 36, no. 11, pp. 12504–12514, Nov. 2021.

[25] H. Xu, L. Xu, C. Li, K. Wang, Z. Zheng, and Y. Li, "Improved Interleaved Discontinuous PWM for Zero-Sequence Circulating Current Reduction in Three-Phase Paralleled Converters," *IEEE Trans. Ind. Electron.*, vol. 68, no. 9, pp. 8676–8686, Sep. 2021.

[26] H. Wang, P. Davari, H. Wang, D. Kumar, F. Zare, and F. Blaabjerg,"Lifetime Estimation of DC-link Capacitors in Adjustable Speed Drives Under Grid Voltage Unbalances," *IEEE Trans. Power Electron.*, vol. 34, no. 5, pp. 4064–4078, May 2019.

CHAPTER 06

5레벨 공간 벡터 기반 순환 전류의 억제 방안

이 장에서는 5레벨 SVM을 개선하여 고주파 순환 전류를 억제하는 방안을 제시한다. 병렬로 연결된 두 개의 3레벨 인버터를 단일 5레벨 인버터로 간주하고, 이를 통해 CMV를 최소화함으로써 순환 전류를 억제하는 것이 목표이다. 뿐만 아니라 스위칭 횟수를 줄이고 시스템 외부로 흐르는 누설 전류도 저감하여, 병렬 인버터의 출력 전류 품질과 효율을 향상시키고자 한다.

병렬 연결된 인버터 시스템에서 발생하는 주요 문제 중 하나는 각 인버터 간의 스위칭 시퀀스 불일치로 인해 발생하는 고주파 순환 전류이다. 이러한 순환 전류는 시스템의 안정성에 악영향을 미치며, 부하 측 전류의 왜곡을 초래하여 전력 품질을 저하시킬 수 있다. 특히, 고주파 순환 전류는 인버터 간의 전력 전송에 방해가 되며, 불필요한 에너지 소모를 초래하여 시스템의 전체 효율을 감소시킨다.

5레벨 SVM은 CMV를 최소화하는 방식으로 고주파 순환 전류를 억제한다. CMV는 시스템의 안정성에 중요한 영향을 미치는 요소로, 누설 전류의 발생과도 밀접한 관련이 있다. 높은 CMV는 기생 커패시턴스를 통해 누설 전류를 증가시키고, 이로 인해 부하 측 전류의 품질이 저하되며, 심각한 경우 시스템의 안전성까지 위협할 수 있다. 5레벨 SVM은 스위칭 상태를 조정하여 CMV의 크기와 주파수를 최소화함으로써, 누설 전류를 억제하고 시스템의 전력 품질을 유지하는 데 중점을 둔다.

또한, 5레벨 SVM은 스위칭 횟수를 줄임으로써 스위칭 손실을 감소시키는 데 기여한다.

스위칭 손실은 인버터의 전력 손실에서 중요한 부분을 차지하며, 스위칭 횟수가 많을수록 손실이 증가한다. 5레벨 SVM은 스위칭 시퀀스를 최적화하여 필요한 스위칭 횟수를 줄임으로써, 스위칭 손실을 최소화하고 시스템의 효율을 향상시킨다. 이는 특히 고출력 인버터 시스템에서 중요한 장점으로 작용할 수 있다.

결론적으로, 고주파 순환 전류의 억제, CMV의 최소화, 스위칭 횟수의 감소, 누설 전류의 억제, 그리고 출력 전류 품질의 향상 등 여러 측면에서 시스템의 성능을 개선할 수 있다.

6.1 병렬 인버터에서의 5레벨 공간 벡터 분석

6.1.1 기존의 5레벨 SVM

병렬로 연결된 두 개의 3레벨 인버터는 단일 5레벨 인버터로 간주할 수 있으며, 단일 3레벨 인버터보다 더 많은 전압 레벨을 가져 스위칭 시퀀스를 설계하는데 더 많은 자유도를 제공한다. 각각의 3레벨 인버터는 3가지의 스위칭 상태를 가지며, 이를 조합함으로써 5레벨 인버터에서는 총 5가지의 스위칭 상태를 정의할 수 있다. 이러한 다수의 스위칭 상태는 인버터의 출력 전압을 더욱 세밀하게 조절할 수 있는 가능성을 제공하며, 이를 통해 출력 전류의 품질을 향상시키고 전력 변환의 효율을 높일 수 있다.

각 3레벨 인버터의 스위칭 상태는 일반적으로 P, O, N으로 각 스위칭 상태에 따른 극전압은 $+V_{dc}/2,\ 0,\ -V_{dc}/2$로 표현된다. 이 세 가지 상태는 인버터의 상부 및 하부 스위칭 소자의 조합에 의해 결정되며, 이를 통해 출력되는 전압 레벨이 정해진다. 병렬로 연결된 두 개의 3레벨 인버터는 각 인버터의 스위칭 상태에 따라 다양한 조합을 형성할 수 있으며, 이 조합에 따라 5레벨 인버터의 출력 전압이 결정되며, 이는 [표 2.2]에 정리된 것과 같다.

[그림 6.1]은 병렬로 연결된 두 개의 3레벨 인버터에 대한 a상의 등가 회로와 스위칭 상태에 따른 전류의 경로를 나타낸다. [그림 6.1(a)]는 각 3레벨 인버터의 스위칭 상태가 동일한 경우로 $S_{a1,j}$와 $S_{a2,j}$가 켜져 5레벨 인버터의 스위칭 상태는 4가 된다. [그림 6.1(b)]와 [그림 6.1(c)]는 5레벨 인버터의 스위칭 상태가 3인 경우의 전류 흐름을 나타낸다. 먼저 [그림 6.1(b)]와 같이 3레벨 인버터 1의 스위칭 상태는 P, 3레벨 인버터 2의 스위칭 상태가 O인 경우에는 두 인버터의 스위칭 상태가 상이하여 순환 전류가 발생한다. 반면에, 두 3레

벨 인버터의 스위칭 상태가 O로 동일한 경우는 [그림 6.1(c)]와 같으며, 순환 전류가 발생하지 않는다.

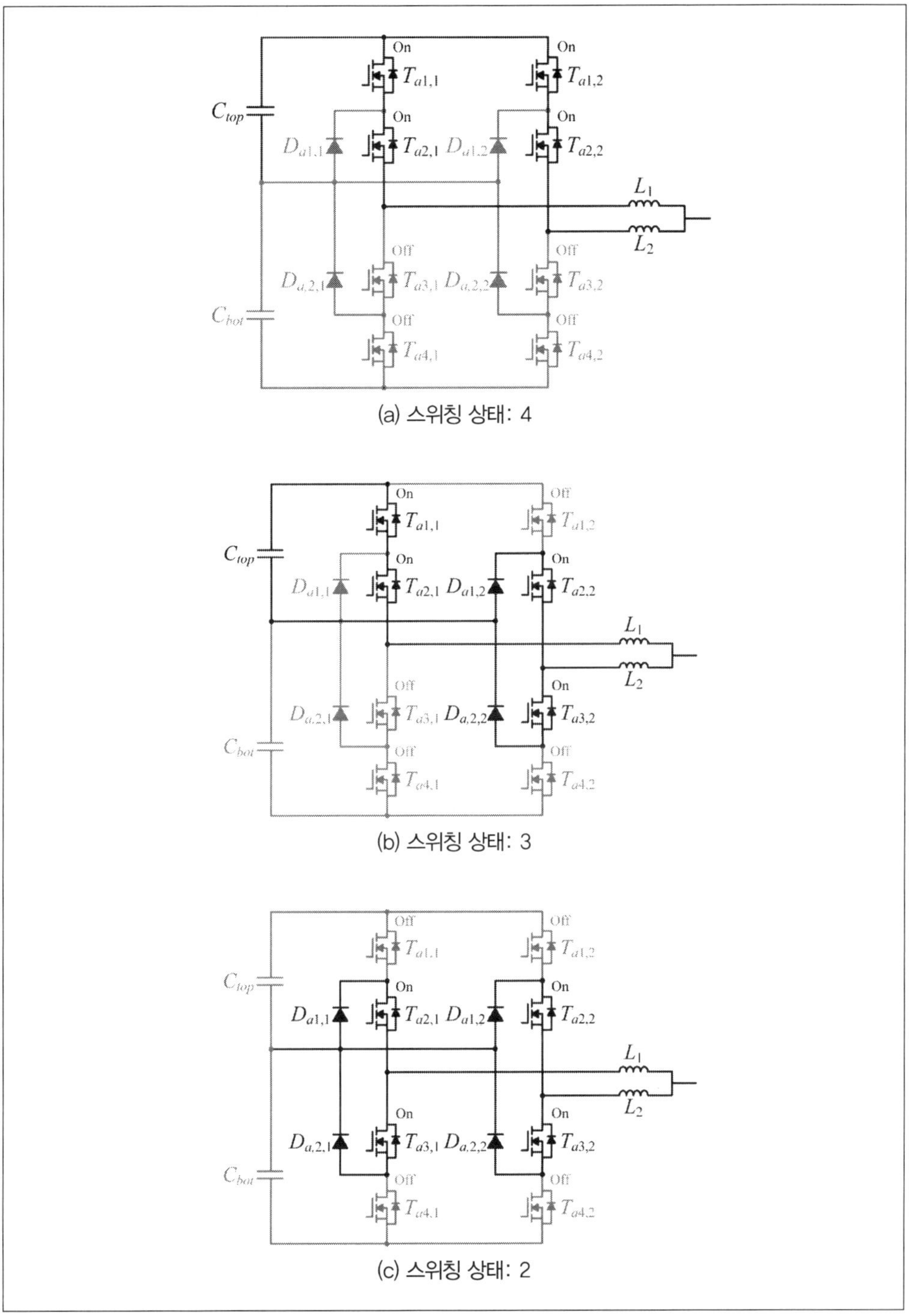

그림 6.1 2병렬 3레벨 인버터의 등가 회로 및 스위칭 상태에 따른 전류 경로

6.1.2 5레벨 RCMV SVM

순환 전류 저감을 위한 변조 방법은 5레벨 Reduced Common-Mode Voltage SVM (RCMV SVM) 방법을 기반으로 한다. 5레벨 RCMV SVM 방법은 기존의 인터리빙 기법을 적용한 5레벨 SVM에 비해 스위칭 시퀀스를 설계하는데 제한이 있지만, 이 변조 방법을 적용할 경우에 최소한의 CMV만을 생성하도록 전압 벡터를 선택한다. 5레벨 RCMV SVM에서 사용 가능한 스위칭 상태에 대한 공간 벡터 다이어그램은 [그림 6.2]에 제시되어 있다.

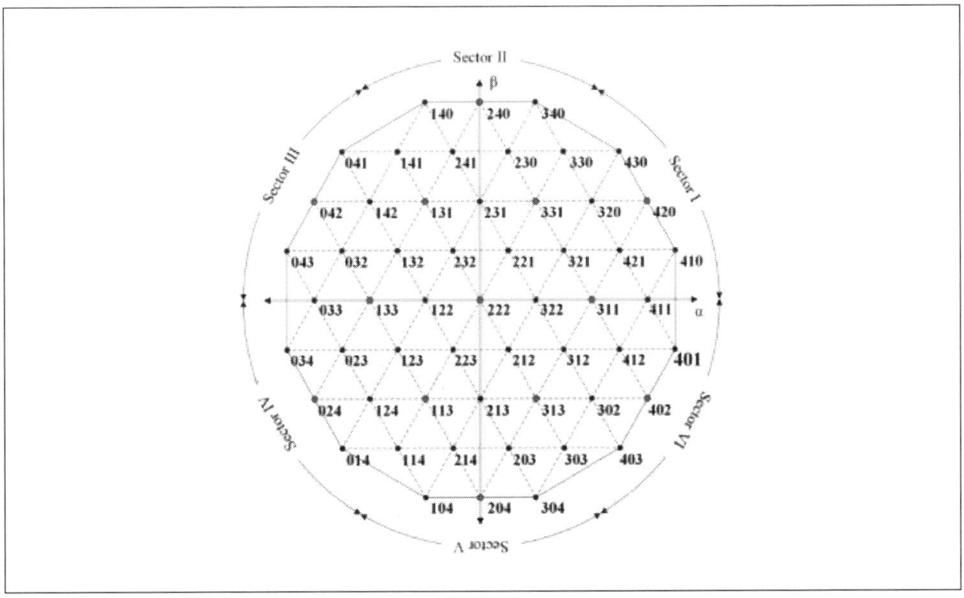

그림 6.2 5레벨 RCMV SVM의 전압 벡터도

CMV는 직류단 측 중성점과 부하 측 중성점 간의 전압 차이로 정의되며, 그 크기는 다음과 같이 표현될 수 있다:

$$|V_{cm}| = \left| \frac{V_{dc}}{12} \left(\sum_{x=A,B,C} S_x - 6 \right) \right| \tag{6.1}$$

여기서 V_{cm}은 2병렬 3레벨 인버터의 CMV를 나타내며, S_x는 5레벨 상태를 나타낸다. 그러나 식(6.1)은 직류단과 부하의 중성점 사이에 기생 임피던스 성분이 존재하지 않는 이상적인 경우에만 적용 가능하다.

6.1.3 병렬 인버터의 누설 전류

누설 전류는 기생 요소의 존재로 인해 접지로 흐르는 전류를 의미한다. 이는 [그림 6.3]에 제시된 것과 같이 전력 변환 시스템에서 소스와 부하 측이 절연되지 않았을 때, 기생 커패시터와 저항이 존재하는 상황을 가정한다. 사실, 기생 인덕턴스도 존재하지만 그 값이 매우 작아 무시할 수 있다. 누설 전류는 인버터 시스템의 입력 측에서 출력 측까지 영향을 미친다. 누설 전류는 기생 커패시터와 저항에 적용된 CMV를 기반으로 결정되며, 따라서 누설 전류의 크기는 CMV의 값과 외부 수동 요소에 따라 달라진다.

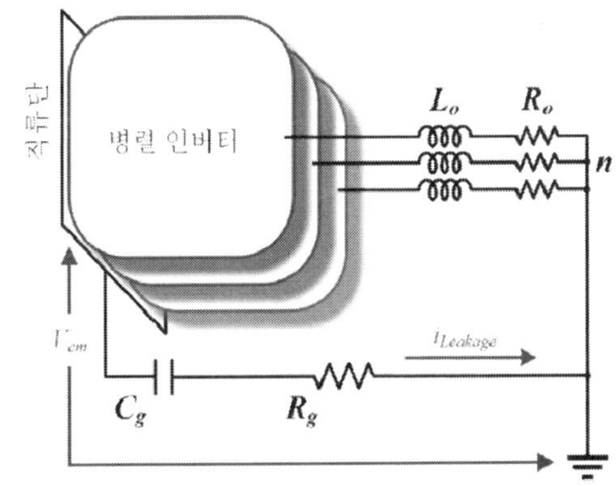

그림 6.3 누설 전류의 경로

CMV에 대한 식(6.1)은 [그림 6.3]에 표시된 회로에 적용될 수 없으므로 새롭게 계산해야 한다. [그림 6.3]에서 키르히호프 법칙에 따른 전압 방정식은 다음과 같이 표현될 수 있다:

$$\frac{V_{ApccO} + V_{BpccO} + V_{CpccO} + 3V_{cm}}{Z_o} + \frac{V_{cm}}{Z_g} = 0 \tag{6.2}$$

여기서 Z_o는 부하와 필터를 나타내고, Z_g는 기생 요소를 나타낸다.

누설 전류의 크기는 다음과 같이 표현될 수 있다:

$$|I_{Leakage}| = \frac{|V_{cm}|}{|Z_g|} = \frac{|V_{ApccO} + V_{BpccO} + V_{CpccO}|}{\left|3\left(R_g + \frac{1}{j2\pi f C_g}\right) + R_o + j2\pi f L_o\right|} \tag{6.3}$$

여기서 $I_{Leakage}$는 누설 전류를, f는 CMV의 주파수를, R_g와 C_g는 각각 기생 저항과 커패시턴스를, R_o는 부하 저항을, L_o는 필터 인덕턴스를 나타낸다. 식 (6.3)에서 알 수 있듯이, 기생 임피던스 요소가 커패시턴스 회로를 형성하기 때문에 누설 전류는 CMV의 주파수를 낮춤으로써 억제할 수 있다.

6.2 순환 전류 저감을 위한 5레벨 SVM

6.2.1 순환 전류 억제를 위한 스위칭 분포 원칙

변조 전략의 설계는 [그림 6.2]에 제시된 55개의 벡터를 사용하여 이루어지며, 변조 전략은 일반 SVM의 과정에 따라 순차적으로 설명된다. 먼저, 기준 전압 벡터는 고정된 αβ 프레임을 기반으로 하며, 그 후 듀티비 Duty는 0에서 1까지 다음과 같이 정의된다:

$$Duty = \frac{\sqrt{3}\,|V_{ref}|}{V_{dc}} \tag{6.4}$$

여기서 $|V_{ref}|$는 기준 전압 벡터의 크기를 나타낸다. 두 번째로, 기준 전압 벡터의 크기와 각도를 고려하여 섹터와 영역이 결정된다. 섹터 I의 각도 θ는 0°에서 60°까지이다. [그림 6.4]는 변조 방법에 따른 섹터 I의 상세한 영역을 보여준다. [표 6.1]은 섹터 I에서 각 영역에 대한 경계 조건을 제공한다. 다른 섹터(II～VI)는 섹터 I로 회전시킬 수 있다.

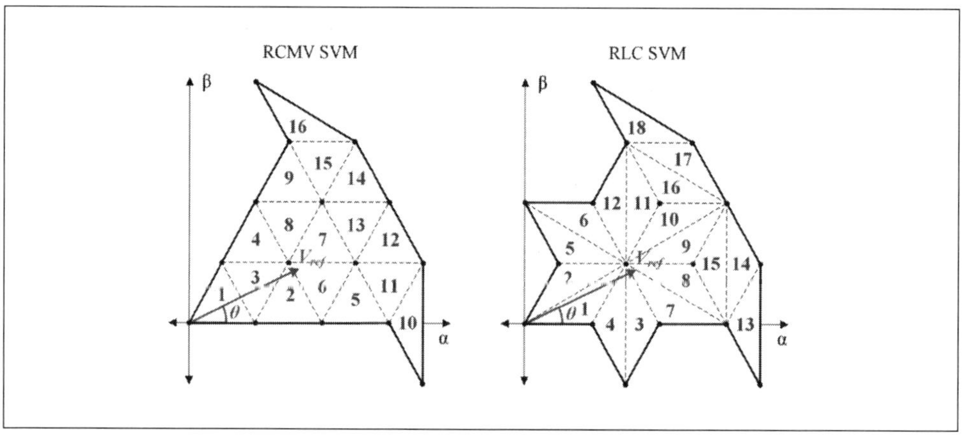

그림 6.4 섹터 1에서의 전압 벡터도

[표 6.1] 영역별 경계 조건

영역	경계 조건
1	$V_\beta < V_\alpha/\sqrt{3}$ and $V_\beta > \sqrt{3}\,V_\alpha - 1/2$
2	$V_\beta > V_\alpha/\sqrt{3}$ and $V_\beta < 1/4$
3	$V_\beta < \sqrt{3}\,V_\alpha - 1/2$ and $V_\alpha < \sqrt{3}/4$
4	$V_\beta <- \sqrt{3}\,V_\alpha + 1$ and $V_\alpha > \sqrt{3}/4$
5	$V_\beta > 1/4$ and $V_\beta <- V_\alpha/\sqrt{3} + 1/2$
6	$V_\beta <- V_\alpha/\sqrt{3} + 1/2$ and $V_\beta <- \sqrt{3}\,V_\alpha + 1$
7	$V_\beta >- \sqrt{3}/V_\alpha + 1$ and $V_\beta <- V_\alpha/\sqrt{3} + 1/2$
8	$V_\beta >- V_\alpha/\sqrt{3} + 1/2$, $V_\beta <- \sqrt{3}\,V_\alpha + 3/2$, and $V_\beta < 1/4$
9	$V_\beta > 1/4$, $V_\beta < V_\alpha/\sqrt{3}$ and $V_\beta > \sqrt{3}\,V_\alpha - 1$
10	$V_\beta < \sqrt{3}\,V_\alpha - 1/2$, $V_\beta > V_\alpha/\sqrt{3}$, and $V_\beta < 1/2$
11	$V_\beta >- \sqrt{3}\,V_\alpha$ and $V_\beta < \sqrt{3}/4$
12	$V_\beta > \sqrt{3}/4$, $V_\beta > \sqrt{3}\,V_\alpha - 1/2$, and $V_\beta <- \sqrt{3}\,V_\alpha + 3/2$
13	$V_\beta < \sqrt{3}\,V_\alpha - 3/2$
14	$V_\beta > \sqrt{3}/2$, $V_\beta < \sqrt{3}\,V_\alpha - 1$, and $V_\beta >- \sqrt{3}\,V_\alpha + 3/2$
15	$V_\beta > \sqrt{3}\,V_\alpha - 3/2$ and $V_\alpha < \sqrt{3}/2$
16	$V_\beta < 1/2$, $V_\beta >- \sqrt{3}\,V_\alpha + 3/2$, and $V_\beta <- V_\alpha/\sqrt{3} + 1$
17	$V_\beta >- V_\alpha/\sqrt{3} + 1$ and $V_\beta < 3/4$
18	$V_\beta > 3/4$

세 번째로, 각 영역에 사용된 스위칭 시퀀스는 누설 전류를 억제하도록 설계되었다. 식 (6.3)에서 알 수 있듯이, CMV의 주파수와 크기는 매우 중요한 요소이다. 왜냐하면 누설 전류의 크기는 주로 커패시터 회로에 의해 영향을 받기 때문이다. 동기 PWM의 최대 크기는 $V_{dc}/3$이고, 인터리빙 PWM의 최대 크기는 $V_{dc}/6$이지만, 기존의 5레벨 RCMV SVM의 경우에는 CMV의 최대 크기가 $V_{dc}/12$이다. 이러한 변조 방법은 CMV 맥동의 크기를 크게 줄였지만, 한 스위칭 주기 내에 네 번의 CMV 변동이 발생할 수 있다. [표 6.2]는 서브섹터를 수정한 5레벨 RLC SVM의 섹터 I 내 모든 영역에 대한 스위칭 시퀀스를 제공한다. 서브섹터를 수정하면 스위칭 시퀀스는 스위칭 주기 동안 $T_0/2 - T_1/2 - T_2 - T_1/2 - T_0/2$ 순서로 선택되므로, 스위칭 시퀀스는 네 번 변경된다. 즉, 한 스위칭 주기 내에 CMV는 최대 네

번 변경될 수 있다. 기존의 인터리빙 기반 RCMV SVM이 스위칭 시퀀스가 변경될 때마다 CMV를 변경하는 반면, 서브섹터를 수정한 RLC SVM은 [그림 6.5]에서 설명한 대로 CMV를 두 번만 변경하여 순환 전류를 억제할 수 있다.

[표 6.2] 영역별 스위칭 시퀀스

영역	스위칭 시퀀스
1	222–321–322–321–222
2	222–321–221–321–222
3	312–321–322–321–312
4	312–321–311–321–312
5	321–231–221–231–321
6	321–231–331–231–321
7	411–321–311–321–411
8	411–321–421–321–411
9	420–321–421–321–420
10	420–321–320–321–420
11	321–330–331–330–321
12	321–330–320–330–321
13	401–410–411–410–401
14	420–411–421–411–420
15	420–411–410–411–420
16	420–330–320–330–420
17	420–330–430–330–420
18	430–340–330–340–430

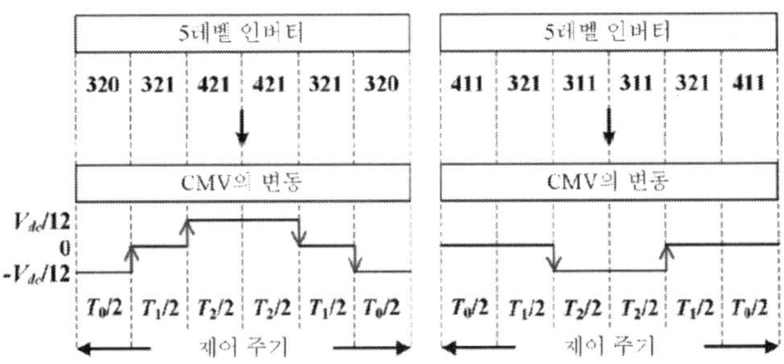

그림 6.5 CMV의 저감 원리

네 번째로, 모든 스위칭 시퀀스에 해당하는 유지 시간을 [표 6.2]에 기반하여 계산한다. 유지 시간 T_0, T_1 및 T_2는 기준 전압 벡터의 각도와 MI에 따라 계산되며, 결과는 [표 6.3]에 제시되어 있다. 다섯 번째로, 서브섹터를 수정하면 스위칭 시퀀스는 순환 전류를 억제하기 위해 스위칭 분포 원칙에 따라 각 인버터에 적절히 분배된다. 마지막으로, 분배된 스위칭 시퀀스는 계산된 유지 시간에 따라 스위칭 펄스로 변환된다.

[표 6.3] 영역별 전압 벡터의 인가 시간

영역	인가 시간
1	$T_1 = 4MI\sin\theta\, T_T,\ T_2 = 4\sqrt{3}\,MI\sin(\pi/6-\theta)\,T_T$
2	$T_1 = 4MI\cos(\theta+\pi/6)\,T_T,\ T_2 = -4\sqrt{3}\,MI\sin(\pi/6-\theta)\,T_T$
3	$T_0 = \{4MI\cos(\theta+\pi/6)-1\}\,T_T,\ T_1 = \{4MI\cos(\pi/6-\theta)-1\}\,T_T$
4	$T_0 = \{2-4MI\cos(\pi/6-\theta)\}\,T_T,\ T_1 = \{2-4MI\cos(\theta+\pi/6)\}\,T_T$
5	$T_0 = \{4MI\cos(\pi/6-\theta)-1\}\,T_T,\ T_2 = \{3-4\sqrt{3}\,MI\sin(\theta+\pi/6)\}\,T_T$
6	$T_0 = (2-4MI\cos\theta)\,T_T,\ T_2 = \{4\sqrt{3}\,MI\sin(\theta+\pi/6)-3\}\,T_T$
7	$T_1 = 4MI\sin\theta\, T_T,\ T_2 = \{3-4\sqrt{3}\,MI\sin(\theta+\pi/6)\}\,T_T$
8	$T_1 = \{3-4MI\cos(\pi/6-\theta)\}\,T_T,\ T_2 = \{4\sqrt{3}\,MI\sin(\theta+\pi/6)-3\}\,T_T$
9	$T_1 = \{2-4MI\cos(\theta+\pi/6)\}\,T_T,\ T_2 = 4\sqrt{3}\,MI\sin(\pi/6-\theta)\,T_T$
10	$T_1 = (2-4MI\sin\theta)\,T_T,\ T_2 = -4\sqrt{3}\,MI\sin(\pi/6-\theta)\,T_T$
11	$T_1 = \{4MI\cos(\pi/6-\theta)-2\}\,T_T,\ T_2 = (3-4\sqrt{3}\,MI\cos\theta)\,T_T$
12	$T_1 = \{1-4MI\cos(\theta+\pi/6)\}\,T_T,\ T_2 = (4\sqrt{3}\,MI\cos\theta-3)\,T_T$
13	$T_1 = \{4MI\cos(\pi/6-\theta)-3\}\,T_T,\ T_2 = (7-4\sqrt{3}\,MI\cos\theta)\,T_T$
14	$T_0 = \{4MI\cos(\pi/6-\theta)-3\}\,T_T,\ T_2 = (6-4\sqrt{3}\,MI\cos\theta)\,T_T$
15	$T_0 = \{3-4MI\cos(\theta+\pi/6)\}\,T_T,\ T_2 = (4\sqrt{3}\,MI\cos\theta-6)\,T_T$
16	$T_1 = (4MI\sin\theta-2)\,T_T,\ T_2 = \{6-4\sqrt{3}\,MI\sin(\theta+\pi/6)\}\,T_T$
17	$T_1 = \{4-4MI\cos(\pi/6-\theta)\}\,T_T,\ T_2 = \{4\sqrt{3}\,MI\sin(\theta+\pi/6)-6\}\,T_T$
18	$T_1 = (4MI\sin\theta-3)\,T_T,\ T_2 = \{7-4\sqrt{3}\,MI\sin(\theta+\pi/6)\}\,T_T$

식(2.12)에서 알 수 있듯이, 인버터 간의 스위칭 차이는 순환 전류를 발생시킨다. [표 2.2]에 따르면, 5레벨 상태 "1"과 "3"은 필연적으로 순환 전류를 발생시킨다. 기존 RCMV SVM은 5레벨 상태 "1"과 "3"을 적절히 분배하여 순환 전류를 억제한다.

순환 전류를 억제하기 위해 채택된 스위칭 분포 원칙은 다음과 같이 요약할 수 있다. 첫째, 5레벨 상태 "1"과 "3"은 스위칭 주기의 절반마다 반대로 분배되어야 한다. 예를 들어, 만약 3레벨 상태 조합 "01"이 스위칭 주기의 절반 동안 사용되었다면, 다음 절반에서는 3레벨 상태 조합 "10"이 사용되어야 한다. 둘째, 각 상에서 5레벨 상태 "1"과 "3"의 분포는 순환 전류의 증가와 감소를 고려하여 순환 전류가 최소화되도록 채택되어야 한다. 예를 들어, 5레벨 상태가 "132"인 경우, 3레벨 상태 조합 "01"은 3레벨 상태 조합 "21"과 함께 사용되어야 한다. 마지막으로, 스위칭 주기가 변경될 때마다 5레벨 상태 "1"과 "3"이 반대로 분배된다. 이는 첫 번째 원칙을 두 스위칭 주기에 적용하는 것과 같다. [그림 6.6]은 이 원칙에 따른 한 영역의 상세한 스위칭 분포와 순환 전류를 보여준다.

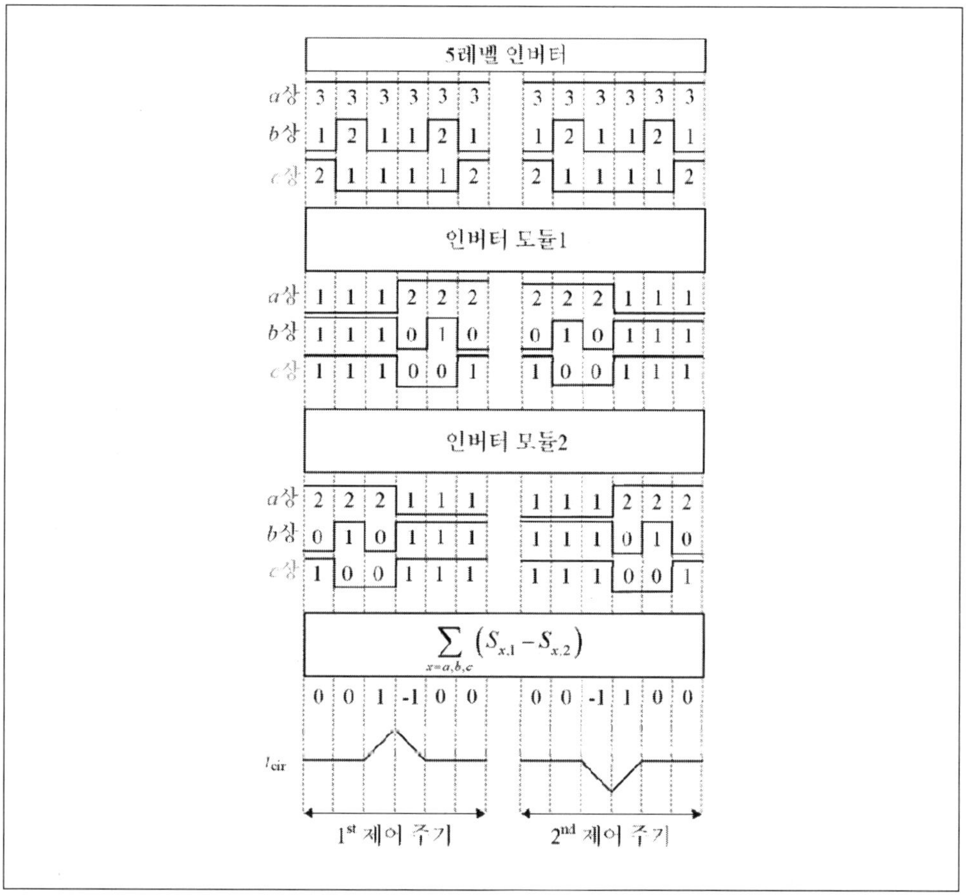

그림 6.6 영역 4에서의 순환 전류 저감을 위한 스위칭 시퀀스

6.2.2 스위칭 횟수 비교

하나의 스위칭 주기에서의 스위칭 횟수는 전력 손실을 고려할 때 중요한 요소 중 하나이다. 동기 변조와 인터리브 변조는 모두 캐리어 기반 변조 방식이므로, 3레벨 인버터에서 하나의 스위칭 주기 동안 여섯 번 스위칭이 발생한다. 반면, 인터리빙 기반의 5레벨 RCMV SVM과 서브섹터를 수정한 5레벨 RLC SVM은 이 규칙에 포함되지 않는다. [그림 6.7]은 지령 전압의 크기와 위상이 동일할 때 각 변조 방식의 스위칭 횟수를 보여준다. 두 5레벨 SVM은 스위칭 주기 동안 세 번에서 여섯 번 스위칭이 발생할 수 있으므로, 캐리어 기반 변조 방식에 비해 손실 측면에서 더 유리하다.

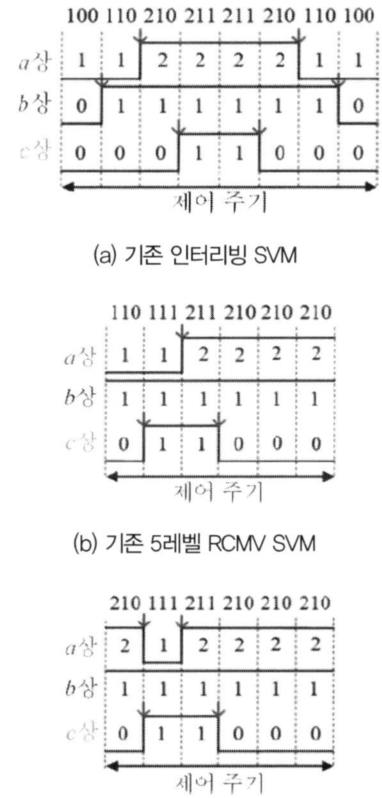

(a) 기존 인터리빙 SVM

(b) 기존 5레벨 RCMV SVM

(c) 서브섹터를 수정한 5레벨 RLC CVM

그림 6.7 한 주기 동안의 스위칭 횟수

6.3 저감 기법 검증

서브섹터를 수정한 5레벨 RLC SVM의 성능과 실현 가능성은 시뮬레이션을 통해 검증되었다. [그림 6.8]은 인터리브 PWM과의 비교를 통해 순환 전류 억제 전략의 성능을 요약하여 보여준다. 서브섹터를 수정한 5레벨 RLC SVM을 적용한 결과, MI가 각각 0.3, 0.5, 0.7, 0.9일 때 순환 전류의 RMS 값이 각각 46%, 83%, 74%, 80% 감소하였다.

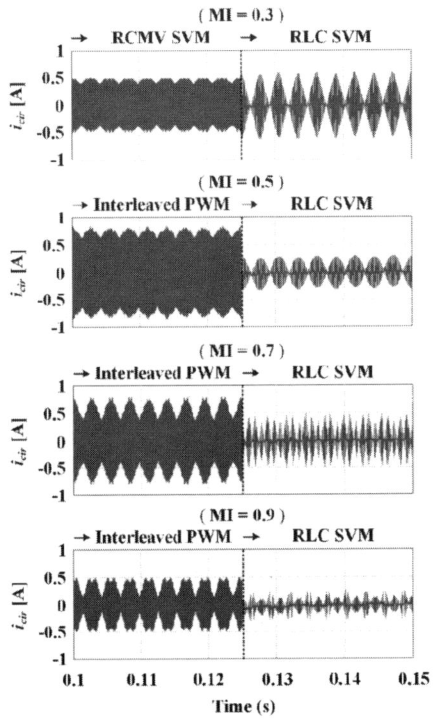

그림 6.8 MI에 따른 순환 전류 파형

시뮬레이션 결과에 기반하여 인터리브 PWM과 서브섹터를 수정한 5레벨 RLC SVM의 MI(변조 지수)를 비교한 결과, 서브섹터를 수정한 5레벨 RLC SVM은 전체 MI 범위에서 인터리브 PWM보다 순환 전류가 억제됨을 보였다. 이 순환 전류의 감소 성능은 [그림 6.9]에 나타난 바와 같이 특히 MI가 0.4에서 0.7일 때 효과적이며, 인버터가 비동기 모드로 동작할 경우에도 순환 전류를 충분히 억제할 수 있음을 나타낸다.

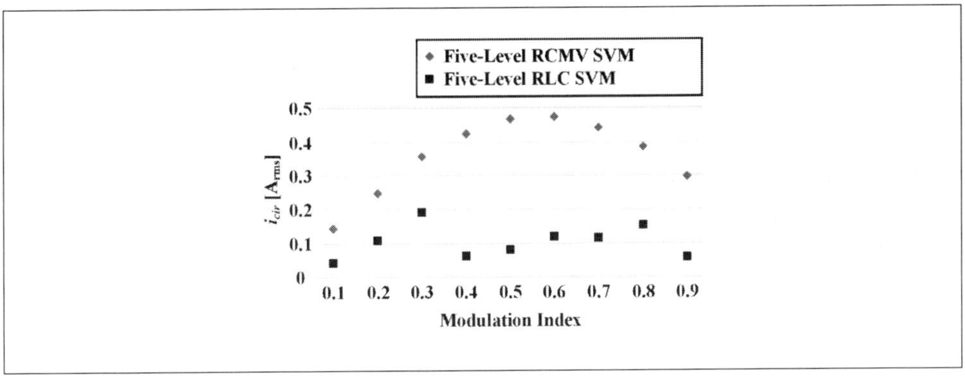

그림 6.9 MI에 따른 순환 전류 비교

누설 전류의 저감 성능을 검증하기 위해 기생 임피던스 성분은 커패시턴스 0.3μF과 저항 20Ω으로 설정하였다. [그림 6.10]은 병렬 인버터가 동기 모드로 동작할 경우, 비동기 모드인 인터리빙 기법이 적용된 경우, 서브섹터를 수정한 5레벨 RLC SVM이 적용된 경우를 MI에 따라 비교한 파형을 나타낸다.

된 기법을 적요한 경우에 모든 MI에서 누설 전류가 저감됨을 알 수 있다. 뿐만 아니라, [그림 6.11]에 나타난 바와 같이 모든 MI에서 누설 전류가 저감됨에 따라 병렬 인버터의 출력 전류의 품질도 향상되었다.

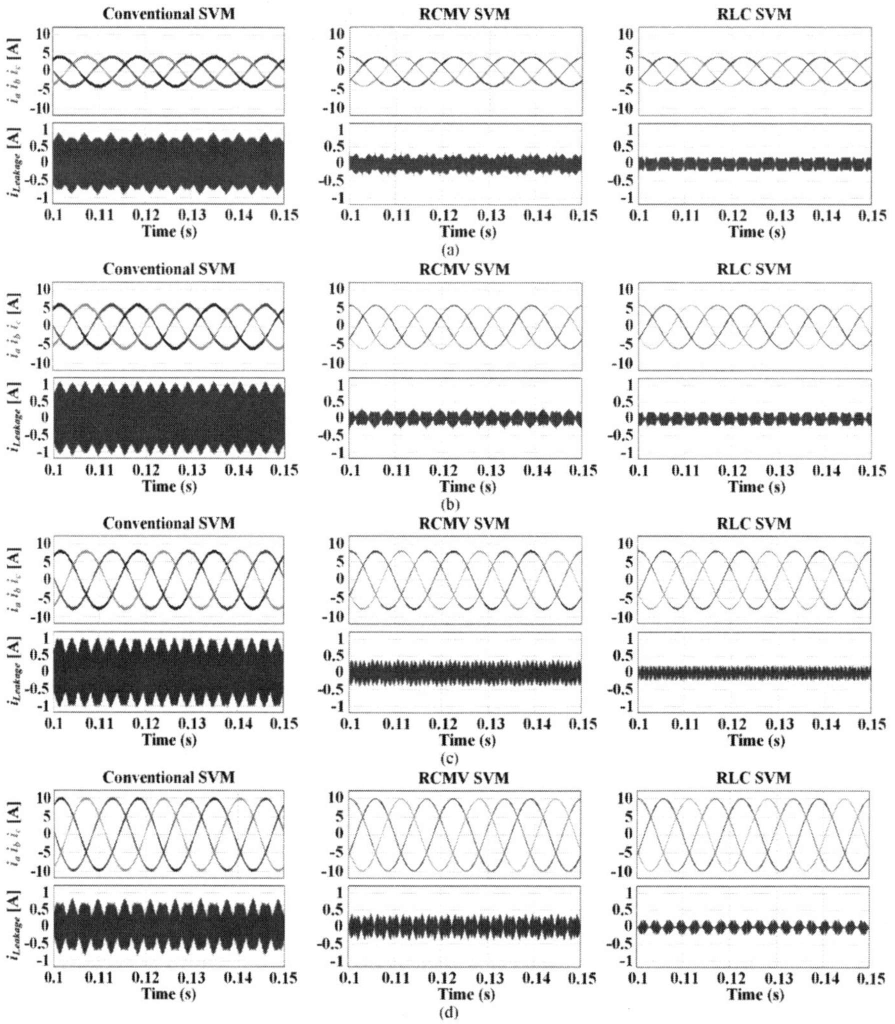

그림 6.10 MI 및 적용 기법에 따른 출력 전류와 누설 전류

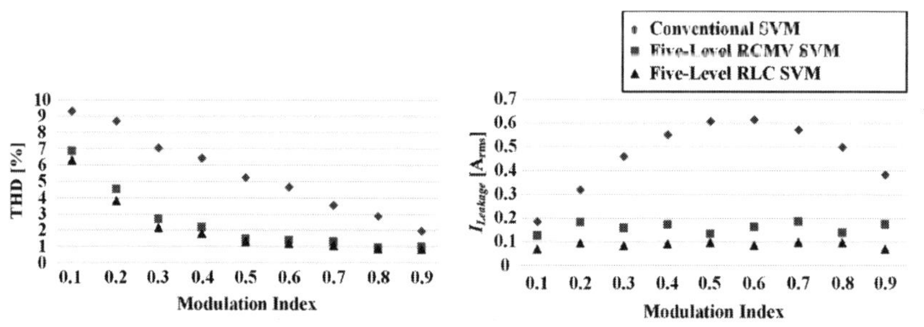

그림 6.11 MI 및 적용 기법에 따른 출력 전류의 THD와 누설 전류 크기

[표 6.4]는 병렬 인버터에서 사용되는 네 가지 변조 방법에 대해 여섯 가지 측면에서 비교한 내용을 제공한다. 서브섹터를 수정한 5레벨 RLC SVM은 비교 그룹 중에서 누설 전류 억제 성능이 가장 우수하다. 이는 [표 6.4]에서 제시된 것처럼 CMV의 크기와 주파수가 가장 낮기 때문이다. 이러한 특성은 누설 전류가 흐르는 환경에서 전류 품질을 향상시킨다. 또한, 5레벨 변조는 큰 캐리어 위상 차이를 가진 인터리브 PWM과 달리 스위칭 분포 법칙을 사용하기 때문에 고주파 순환 전류가 상대적으로 작다. 두 개의 5레벨 변조는 비대칭 스위칭 시퀀스를 가지므로 캐리어 기반 변조 방법보다 스위칭 횟수가 적을 수 있다.

[표 6.4] 순환 전류 저감 기법별 특성

변조 기법	누설 전류	CMV의 크기	CMV의 주파수	전력 손실	순환 전류	적용 복잡도
기존 SVM	***	***	**	***	*	*
기존 5레벨 RCMV SVM	**	**	**	***	***	*
서브섹터를 수정한 5레벨 RLC SVM	*	*	*	**	**	***

*: Low level, **: Medium level, ***: High level

6.4 참고문헌

[1] U.-M. Choi, F. Blaabjerg, and K.-B. Lee, “Control Strategy of Two Capacitor Voltages for Separate MPPTs in Photovoltaic Systems Using Neutral-Point-Clamped Inverters,” *IEEE Trans. Ind. Appl.*, vol. 51, no. 4, pp. 3295–3303, Aug. 2015.

[2] J.-S. Lee and K.-B. Lee, “Open-Switch Fault Tolerance Control for a Three-Level NPC/T-Type Rectifier in Wind Turbine Systems,” *IEEE Trans. Ind. Electron.*, vol. 62, no. 2, pp. 1012–1021, Feb. 2015.

[3] C. Xia, G. Zhang, Y. Yan, X. Gu, T. Shi, and X. He, “Discontinuous Space Vector PWM Strategy of Neutral-Point-Clamped Three-Level Inverters for Output Current Ripple Reduction,” *IEEE Trans. Power Electron.*, vol. 32, no. 7, pp. 5109–5121, Jul. 2017.

[4] S. Bhattacharya, D. Mascarella, G. Joós, J. Cyr, and J. Xu, “A Dual Three-Level T-NPC Inverter for High-Power Traction Applications,” *IEEE J. Emerg. Sel. Top. Power Electron.*, vol.

4, pp. 668–678, Jun. 2016.

[5] K.-B. Lee and J.-S. Lee, Reliability Improvement Technology for Power Converters, Singapore: Springer, 2017.

[6] Z. Xueguang, W. Li, Y. Xiao, G. Wang, and D. Xu, "Analysis and Suppression of Circulating Current Caused by Carrier Phase Difference in Parallel Voltage Source Inverters With SVPWM," *IEEE Trans. on Power Electron.*, vol. 33, no. 12, pp. 11007–11020, Dec. 2018.

[7] A. Tcai, Y. Kwon, S. Pugliese, and M. Liserre, "Reduction of the Circulating Current Among Parallel NPC Inverters," *IEEE Trans. on Power Electron.*, vol. 36, no. 11, pp. 12504–12514, Nov. 2021.

[8] H. Xu, L. Xu, C. Li, K. Wang, Z. Zheng, and Y. Li, "Improved Interleaved Discontinuous PWM for Zero-Sequence Circulating Current Reduction in Three-Phase Paralleled Converters," *IEEE Trans. on Ind. Electron.*, vol. 68, no. 9, pp. 8676–8686, Sep. 2021.

[9] J. Wang, F. Hu, W. Jiang, W. Wang, and Y. Gao, "Investigation of Zero Sequence Circulating Current Suppression for Parallel Three-Phase Grid-Connected Converters Without Communication," *IEEE Trans. Ind. Electron.*, vol. 65, no. 10, pp. 7620–7629, Oct. 2018.

[10] J.-H. Park, H.-W. Choi, and K.-B. Lee, "Analysis and Suppression of Zero-Sequence Circulating Current in Parallel Three-Level Inverters using Improved Interleaved DPWM," in *Proc. IPEC (ECCE-Asia) Conf.*, May 2022, pp. 845–848.

[11] J.-H. Park and K.-B. Lee, "Zero-Sequence Circulating Current Suppression in Multi-paralleled Three-Level NPC Inverters under Unbalanced Operating Conditions," in Proc. *CENCON Conf.*, Oct. 2021, pp. 103–107.

[12] H.-W. Choi and K.-B. Lee, "Review of Methods for Reducing Circulating Currents in Parallel Connected Modular Inverters," *J. Electr. Eng. Technol.*, vol. 18, pp. 1227–1242, Mar. 2023.

[13] Z. X. Zou, F. Hahn, G. Buticchi, S. Gunter, and M. Liserre, "Interleaved Operation of Two Neutral-Point-Clamped Inverters With Reduced Circulating Current," *IEEE Trans. Power Electron.*, vol. 33, no. 11, pp. 10122–10134, Dec. 2018.

[14] W. Li, X. Zhang, Y. Zhuang, G. Zhang, G. Wang, and D. Xu, "A Five-Level Space Vector Modulation Scheme for Parallel Operated Three-Level Inverters With Reduced Line Current Distortion," *IEEE Trans. Power Electron.*, vol. 35, no. 10, pp. 11235–11249, Oct. 2020.

[15] W. Li, X. Zhang, Z. Zhao, G. Zhang, G. Wang, and D. Xu, "Implementation of Five-Level

DPWM on Parallel Three-Level Inverters to Reduced Common-Mode Voltage and AC Current Ripples," *IEEE Trans. Ind. Appl.*, vol. 56, no. 4, pp. 4017–4027, Jul./Aug. 2020.

[16] W. Li, X. Zhang, F. Zhang, S. Zhang, Z. Fu, G. Wang, and D. Xu, "Integrated Modulation of Dual-Parallel Three-Level Inverters With Reduced Common Mode Voltage and Circulating Current," *IEEE Trans. Power Electron.*, vol. 36, no. 11, pp. 13332–13344, Nov. 2021.

[17] S.-W. An, S.-M. Kim, and K.-B. Lee, "Capacitor Lifetime Extension in a Hybrid Active Neutral-Point-Clamped Inverter With Reduction of DC-Link Ripple Current and Common-Mode Voltage," *IEEE Access*, vol. 9, pp. 40336–40348, Mar. 2021.

[18] S.-M. Kim, I. J. Won, J. Kim, and K.-B. Lee, "DC-Link Ripple Current Reduction Method for Three-Level Inverters With Optimal Switching Pattern," *IEEE Trans. Ind. Electron.*, vol. 65, no. 12, pp. 9204–9214, Dec. 2018.

[19] J.-S. Lee and K.-B. Lee, "New Modulation Techniques for a Leakage Current Reduction and a Neutral-Point Voltage Balance in Transformerless Photovoltaic Systems Using a Three-Level Inverter," *IEEE Trans. Power Electron.*, vol. 29, no. 4, pp. 1720–1732, Apr. 2014.

[20] Y.-J. Kim, S.-M. Kim, and K.-B. Lee, "Improving DC-Link Capacitor Lifetime for Three-Level Photovoltaic Hybrid Active NPC Inverters in Full Modulation Index Range," *IEEE Trans. Power Electron.*, vol. 36, no. 5, pp. 5250–5261, May. 2021.

[21] X. Guo, R. He, J. Jian, Z. Lu, X. Sun, and J. M. Guerrero, "Leakage Current Elimination of Four-Leg Inverter for Transformerless Three-Phase PV Systems," *IEEE Trans. Power Electron.*, vol. 31, no. 3, pp. 1841–1846, Mar. 2016.

[22] J.-H. Hwang, L. M. Halabi, Y. Ko, and K.-B. Lee, "Lifetime-based Fault Tolerant Strategy for Three-Level Hybrid ANPC Inverters," *J. Power Electron.*, vol. 23, pp. 363–373, Feb. 2023.

[23] S. S. Hakami and K.-B. Lee, "Proper Flying Capacitor Selection for Performance Enhancement of Five-Level Hybrid Active Neutral-Point-Clamped Inverters," *J. Power Electron.*, vol. 22, pp. 1687–1698, Oct. 2022.

[24] K. Li, M. Wei, C. Xie, F. Deng, J. M. Guerrero, and J. C. Vasquez, "Triangle Carrier-Based DPWM for Three-Level NPC Inverters," *IEEE Trans. Emerg. Sel. Top. Power Electron.*, vol. 6, no. 4, pp. 1966–1978, Dec. 2018.